Patrice Debré

Une journée particulière du Professeur Pasteur

6 juillet 1885

Flammarion

ISBN : 978-2-0802-8884-4

À mes petits-enfants,
pour qu'ils apprennent, au-delà des découvertes,
ce qu'est la démarche scientifique
et qu'ils comprennent le cheminement de Louis Pasteur,
depuis le cristal jusqu'à l'hôpital.

« ... rien ne prouve que si cet être microscopique venait à pénétrer dans une autre des mille et mille espèces de la création, il ne pourrait l'envahir et la rendre malade. Sa virulence, renforcée par des passages successifs dans les représentants de cette espèce, pourrait devenir en état d'atteindre tel ou tel animal de grande taille, l'homme ou certains animaux domestiques. Par cette méthode, on peut créer des virulences et contagions nouvelles. Je suis très porté à croire que c'est ainsi que sont apparues, à travers les âges, la variole, la syphilis, la peste, la fièvre jaune, etc., et que c'est également par des phénomènes de ce genre qu'apparaissent, de temps à autre, certaines grandes épidémies... »

« De l'atténuation des virus et de leur retour à la virulence, par M. L. Pasteur, avec la collaboration de MM. Chamberland et Roux »,

Comptes rendus de l'Académie des sciences, séance du 28 février 1881, XCII, p. 429-435.

6 heures

C'est un petit matin gris et curieusement froid de juillet qui se lève sur la petite ville d'Arbois, en Franche-Comté. Le jour pâle laisse entrevoir les dernières gouttes d'une averse. Dehors, l'humidité a recouvert la campagne de teintes amorties. Au loin, les premières rangées de vigne encore mouillées se confondent avec l'herbe des sillons.

Dans son lit, Louis Pasteur ouvre un œil. La journée va être longue : venu à Arbois pour une affaire notariale, il doit regagner Paris pour surveiller les dernières expériences qu'il mène sur la rage dans son laboratoire et communiquer à l'Académie de médecine ses derniers résultats sur le vaccin qu'il veut mettre au point. Pasteur se laisse aller à cette sorte de rêverie qui saisit souvent le dormeur au réveil, avant de sortir du lit, tandis qu'il se trouve encore suspendu entre le pays des songes et la réalité. La musique de la pluie s'y prête, car elle crée une atmosphère propice à l'évocation de souvenirs qui, chez Pasteur, ne sont jamais vraiment nostalgiques, malgré ses soixante-deux ans bien sonnés.

En tournant le regard, il aperçoit dans l'âtre quelques braises ; il a demandé d'y allumer un feu la veille, bien qu'on soit au début de l'été. Les dernières lueurs jetées dans la pièce lui rappellent les longues veillées qu'il a passées avec son père pendant son enfance. Jean-Joseph Pasteur a eu une influence déterminante sur son fils, et ce sont justement ces moments, entre chien et loup, qui ont le plus marqué ce dernier. Car son père était d'ordinaire taciturne, sauf quand il revivait, en racontant ses souvenirs en famille, une période qu'il voyait glorieuse, unique et emplie d'audace : celle du premier Empire.

Ces soirs passés au coin du feu, Jean-Joseph racontait avec passion les champs de bataille où s'illustrèrent les grognards, en 1812 et 1813, au moment de la terrible guerre d'Espagne. Il avait connu les escarmouches dans les cols des provinces du Nord, tout autant que les embuscades et les guets-apens sous le soleil castillan. Il les avait surmontés. Mieux, il s'était imprégné de ce qui allait faire de lui un guerrier endurci : les fameuses adresses de Napoléon à ses armées. L'histoire militaire impériale avait forgé son caractère et ouvert devant lui des horizons remplis de fierté ; et c'est de cela qu'il parlait à Louis, en le sermonnant sur le sens de l'honneur, de la justice et du devoir. Mis en congé à la chute de l'Empire, Jean-Joseph avait refusé d'assister au remplacement des aigles impériales par les fleurs de lys au sommet des étendards. On ne trahit pas son empereur ! Ayant quitté l'armée, il était revenu dans ce petit village du Jura pour reprendre le métier de tanneur qu'il avait appris de son père, et lui-même de son grand-père. Mais ce que Jean-Joseph avait ensuite enseigné au jeune Louis, c'était plus l'admiration de l'épopée impériale que le travail du cuir.

Est-ce un jeu de la lumière matinale ? Pasteur croit voir se dessiner le visage de son père, désormais disparu depuis près de vingt ans, dans des ombres sur le mur. Il ressemble peu au sien : Jean-Joseph avait un front large et marqué, et des traits anguleux que rehaussaient de larges favoris – ce qui tranche avec l'aspect carré un peu rude du visage de Louis, caché en partie par sa barbe.

La tannerie que Pasteur habite maintenant, héritée de son père, est un établissement modeste sur les bords de la Cuisance. Combien de fois Louis l'a-t-il parcourue, en toute humeur et à tout âge ? Le bâtiment jouxte la route qui va de Lyon à Strasbourg, dont il est séparé par une courette légèrement en contrebas par rapport à la chaussée. Deux portes s'ouvrent en façade : l'une dessert l'habitation, l'autre l'étage. Un escalier extérieur mène à la tannerie proprement dite, entièrement installée en sous-sol, qui communique directement avec la rivière. Par-derrière, une cour basse abrite sept fosses rondes, tapissées de planches de chêne, où les cuirs s'imprègnent de tanin.

Très attaché à la maison, Pasteur a souhaité en conserver la simplicité. Il peut à cet instant, de son lit, la parcourir les yeux fermés, car il en connaît chaque recoin. Au rez-de-chaussée, un couloir mène à deux pièces, la boutique et la buanderie, où se trouve aussi le four à pain. Sur la droite, il y a encore trois pièces : deux chambres dont une, la plus grande, a été transformée en salle à manger, et une large cuisine dont la fenêtre surplombe la Cuisance. L'étage abrite la corderie et les chambres à coucher, dont celle où il se trouve. Marie, son épouse, dort dans la pièce voisine. Louis a passé ses premières années dans ces lieux, qui ont cristallisé ses plus anciens souvenirs. Il y a grandi, près de la rivière et des coteaux plantés de vigne, entre les relents de la tannerie et le bouquet du raisin foulé.

Dans la chaleur du lit, tout en écoutant les craquements du bois des planchers, Pasteur se repasse l'image des jeunes garçons qu'ils étaient, lui et ses amis, presque tous des fils de vignerons, à l'époque des jeux de billes et des parties de barres. En hiver, on glissait sur la neige en sabots ou en luge ; l'été, on se baignait dans la rivière. Louis se souvient de l'atmosphère familiale d'alors, appesantie par l'autorité froide de son père et éclaircie par le caractère enjoué de sa mère. Un tableau, de l'autre côté de son lit, représente d'ailleurs celle-ci alors qu'elle avait la quarantaine, coiffée d'un bonnet de dentelle d'où dépassent quelques mèches frisées au fer. Pasteur pourrait s'attarder sur ces souvenirs d'enfance, qui sont souvent si doux quand on se laisse gagner par la nostalgie du passé... Il se refuse à céder à l'attendrissement, et ses pensées reviennent plutôt aux instants de rébellion, à ceux qui l'ont marqué et qui ont construit sa personnalité parce qu'ils l'ont un moment éloigné des siens, par bravade, par orgueil ou par curiosité.

Lorsqu'il remonte le fil de son jeune passé, ce qui lui arrive de temps à autre, Pasteur bute toujours sur un épisode qui a été l'un de ses rares échecs. D'autres hommes au caractère moins affirmé le refouleraient pour suivre une pensée plus agréable ; Louis n'est pas de ceux-là. Est-ce la preuve d'un esprit rigoureux qui ne rejette pas les mauvais souvenirs au profit des bons, ou le simple besoin qu'a le savant de mesurer le chemin parcouru depuis ?

Pasteur fait marcher sa mémoire pour revenir à l'origine des événements. Il se souvient du désir qui l'avait saisi, alors adolescent, de quitter le cocon familial pour se frotter à la vie parisienne. Derrière cette ambition du jeune garçon se cachait l'influence du principal du collège d'Arbois, Monsieur Romanet, qui se plaisait à développer chez son jeune élève la circonspection et l'enthousiasme. Il lui vantait les bienfaits de l'éducation et l'enjoignait à rejoindre le seul lieu qui lui paraissait digne des capacités qu'il décelait chez l'enfant : l'École normale supérieure. Un autre habitué de la maison, le capitaine Barbier, un officier de la garde municipale de Paris, était venu en renfort du principal avec d'autres arguments : n'était-ce pas dans la capitale que se trouvaient les plus belles cuirasses, et où l'on forgeait les esprits à l'endurance ? L'éducation parisienne serait l'école de l'existence !

Envoyer le jeune Louis poursuivre ses études à Paris ? Le père hésitait. Louis insista et sortit vainqueur de cette confrontation. Une institution du Quartier latin, la maison Barbet, tenue par un Franc-Comtois qui faisait un prix à ses compatriotes, parut faire l'affaire pour accueillir le jeune écolier ; celle-ci, « sise 3, cul-de-sac des Feuillantines », à deux pas du Val-de-Grâce, préparait en effet les élèves « aux écoles Polytechnique, de Saint-Cyr, de la Marine et des Eaux et Forêts ». Jean-Joseph consentit à la séparation, d'autant qu'un camarade de classe, Jules Vercel, devait aussi se rendre à Paris pour y préparer son baccalauréat. C'est ainsi que, dans les derniers jours de 1838, les deux garçons prirent la diligence qui devait les conduire à la capitale.

À l'évocation de ce départ, Pasteur ne peut réprimer un frisson, comme s'il revivait les longues heures de cette matinée glaciale. Le jeune Louis, blotti sous la bâche près du cocher, se laissait alors envahir davantage par la tristesse du départ que par l'excitation. À presque seize ans, c'était la première fois qu'il quittait les siens pour vivre dans une grande ville, dans la promiscuité des dortoirs et des salles d'études. La séparation ne fut pas facile. Bien vite, le cafard prit le dessus. Barbet fit tout son possible pour triompher de cette nostalgie noire, mais il se trouva bientôt à court de distractions et se résolut à écrire à Jean-Joseph pour le prévenir que son fils ne supportait pas d'être éloigné des siens. À la mi-novembre, on revint donc arracher Louis de l'étude. Son père fit le trajet exprès jusqu'à Paris pour le reconduire à Arbois.

En ce matin de juillet, tandis que ses souvenirs s'égrènent, Pasteur considère ce faux départ avec indulgence : il ne pense plus que cette première ambition a été défaite par la sensiblerie, mais plus probablement par le plaisir de retrouver le nid familial. Car il le sait : pareil échec à l'orée de l'existence n'est pas oublié facilement. Il a fallu du temps pour que la blessure cicatrise. De retour à Arbois, le jeune homme déconfit a éprouvé le besoin de se réconcilier avec lui-même, de retrouver la sérénité que son aventure parisienne avait ébranlée. Et quoi de mieux, pour cela, qu'une activité artistique ?

À cette évocation, Pasteur se retourne dans son lit. En face de lui, sur le mur, est accroché un pastel représentant une jeune fille vue de dos, le visage de trois quarts et jetant un furtif regard en arrière, comme surprise par l'indiscrétion du peintre. Pasteur esquisse un petit sourire de satisfaction, non pour avoir accroché l'œuvre sur cette cimaise – son père s'en est chargé –, mais parce qu'il en est l'auteur. Il a toujours aimé dessiner et peindre. Les dessins des microbes d'aujourd'hui ont supplanté les portraits d'alors, ceux de son entourage : le voisin tonnelier, les notables de province, le maire d'Arbois... Tous ces portraits sont à présent soigneusement rangés dans un placard, hormis quelques-uns qu'il expose ici et dans son domicile parisien.

À l'époque, c'était la marque d'une ambition qui se laissait découvrir. Pasteur voulait alors être un artiste, et célèbre avec ça. Car, dans la patrie de Courbet, il n'imaginait pas faire de la peinture un simple passe-temps dont le seul but serait d'étancher ses regrets d'un pari avorté, celui de s'émanciper par l'instruction. Pasteur voyait plus loin : il pensait à une autre carrière, celle d'artiste plasticien, pour le conduire à d'autres sommets de gloire. Mais le père le rattrapa par les basques et, plutôt que laisser son fils mener une foucade qui l'éloignait des études classiques, il lui ordonna de reprendre le cours de son instruction et d'aller jusqu'au baccalauréat.

Passant un temps le doigt sur ses lèvres, Pasteur se remémore la rentrée de 1839, où il se retrouva élève de philosophie au Collège royal de Besançon. Ce n'est pas vraiment l'habitude de Pasteur de revenir à son adolescence, mais il règne sans doute dans la maison, ce matin-là, une certaine atmosphère qui l'y attire. Est-ce aussi l'odeur du vieil almanach jauni, ou bien la vue de ce paquet de lettres posé sur la table de nuit ? Il a écrit ces lettres à ses parents pendant ses études au Collège royal, et ceux-ci les ont consciencieusement gardées jusqu'à leur mort, entourées d'une petite ficelle. Le papier bleu est recouvert d'une fine écriture appliquée, points et déliés détachés, presque celle d'un enfant. Le jeune Louis, très fier, y évoquait déjà certains de ses succès :

> « Des élèves m'ont dit que déjà l'on parlait quelque peu dans Besançon d'un élève du collège qui dessinait ses camarades. C'est que, comme je vous l'ai dit, le premier portrait que j'ai fait est exposé au parloir où il va une foule de personnes, toutes celles qui viennent voir des élèves. »

L'intégration ne fut pas aussi facile que le laisse penser cet extrait ; Louis était réservé et distant. Il finit cependant par s'adapter aux cours et à ses maîtres, profitant des heures de loisir pour continuer ses pastels. C'est dans cet établissement qu'il rencontra son ami Jules Marcou, qui allait devenir un géologue réputé, spécialiste des montagnes Rocheuses aux États-Unis. C'est là encore qu'il fut reçu bachelier ès lettres, en août 1840. Mais Pasteur ne comptait pas s'arrêter là. Il avait une revanche à prendre : il voulait intégrer l'École normale. Et pour cela, il lui fallait le baccalauréat ès sciences. Sa décision fut sans appel, il s'en souvient encore : il allait étudier une seconde année à Besançon pour préparer cet indispensable diplôme. Ce fut un échec, tout aussi cuisant, sinon plus, que son premier séjour à Paris : Louis fut recalé.

Pasteur grogne à l'évocation de ce fiasco. Il faut dire que cette nouvelle désillusion lui avait coûté une année de plus d'efforts, tandis que les siens doutaient de lui et s'interrogeaient. Il dut se remettre au travail, se rappelle-t-il sans vraie fierté, pour finir par obtenir une note médiocre en chimie, suffisante cependant pour obtenir le diplôme. Un triomphe modeste. Alors... il s'agissait de rattraper le temps perdu. Pas question de se reposer sur ses lauriers tout frais. Pasteur ne rentra pas à Arbois se faire féliciter par les siens ; il retourna à Besançon pour plancher sur le concours d'entrée à l'École normale. Les épreuves écrites, longues, duraient de six heures du matin à midi. Il lutta contre la fatigue et la migraine.

La ténacité paya : il fut finalement déclaré admissible à la seconde série d'épreuves. Mais son orgueil joua, à moins que ce fût simplement le doute, ou une sorte de calcul. Insatisfait de son rang d'admissibilité (quinzième sur vingt-deux candidats), Pasteur préféra ne pas subir les épreuves du second rang et choisit d'attendre l'année suivante pour se présenter à nouveau... Dans la foulée, il prit une seconde décision : quitter Besançon pour effectuer une nouvelle année préparatoire à Paris et s'habituer du même coup à la vie parisienne avant d'intégrer Normale. Ce souvenir lui donne un élan de fierté. Ce refus du médiocre et de l'incertain, cette patience dans le combat lui ressemblent.

À vingt ans, Louis retrouva donc la pension Barbet. Le propriétaire consentit à réduire les frais de pension, mais Pasteur dut compléter le solde en donnant des répétitions aux élèves de mathématiques élémentaires tôt le matin, de six heures à sept heures, avant d'aller suivre lui-même les cours du collège Saint-Louis. Couché tous les soirs avant dix heures, il ne songea pas même à profiter de la vie parisienne. Ses véritables émotions, Pasteur les éprouvait en suivant les cours que donnait alors en Sorbonne Jean-Baptiste Dumas, un grand chimiste français. C'était cependant pour la physique que le jeune élève avait le plus d'inclination. À ce matin de tous les souvenirs, certains sont plus satisfaisants que d'autres. Car tous ces efforts ont payé : en 1843, Pasteur remporta un accessit en physique et fut admis à l'École normale supérieure, section des sciences, en bonne position. Il fut classé quatrième et, se rappelle-t-il, n'a aucunement songé à se retirer cette fois-là.

Il y a plus de quarante ans, le jeune Louis faisait donc connaissance avec les dortoirs humides et la nourriture médiocre de l'établissement parisien. Mais il entrait dans une école de légende. Celle-ci, créée par la Convention en 1794, avait vu défiler les maîtres les plus prestigieux et les élèves les plus prometteurs. Joseph Lakanal, homme politique de premier plan et créateur du Muséum d'histoire naturelle ; le mathématicien Gaspard Monge, un des scientifiques de la campagne d'Égypte ; Pierre-Simon de Laplace, qui s'illustra en mathématiques, en astronomie et en physique ; Louis Daubenton, encyclopédiste et médecin ; et tant d'autres : le philosophe Victor Cousin, l'éditeur Louis Hachette, l'historien Victor Duruy... Que de chemin parcouru déjà par Pasteur.

Il habita l'école avant même le début des cours pour s'immerger dans le travail. Il étudiait douze heures par jour, conférences à l'École ou cours à la Sorbonne, entrecoupés de travaux pratiques où l'on initiait les élèves à des manipulations de chimie. De manière plus inattendue, il apprenait à raboter ou tourner le bois, souffler le verre, travailler la glaise, exécuter des clés et des serrures. Pasteur ne se livrait pas à la distraction quasi officielle des normaliens : la discussion, le plus souvent véhémente, sur tous les sujets possibles et imaginables. Il préférait passer ses heures de récréation en s'isolant à la bibliothèque. Pour travailler plus, évoque-t-il, comme s'il avait à répondre de son attitude.

Une certaine image lui arrache un sourire : un rappel de sa première expérience scientifique. Comme ses professeurs exposaient la difficulté d'obtenir du phosphore naturel, le jeune Pasteur voulut se faire remarquer. Il se procura des os chez un boucher voisin, les réduisit en cendres et y ajouta de l'acide sulfurique. Après vingt-quatre heures de repos, le mélange produisit un précipité qu'il filtra pour obtenir une espèce de sirop épais. Il le mit à chauffer : une vapeur de phosphore et quelques grammes d'un corps transparent et jaunâtre se dégagèrent. Pasteur avait réussi à obtenir ce fameux phosphore naturel ! Ce fut sa première victoire scientifique, estime-t-il sans modestie, se rappelant avoir mis le résidu dans un magnifique flacon avec une grande étiquette bleue pour souligner l'exploit...

Mais trêve de rêveries, se dit-il en repoussant les couvertures : il a déjà passé trop de temps à ressasser ses souvenirs. La journée va être longue... Debout !

7 heures

Pasteur sort du lit avec quelque difficulté. Il a été atteint, dix-sept ans plus tôt, d'une hémiplégie gauche, dont il a bien récupéré mais qui lui laisse des séquelles. Il en garde des mouvements plus engourdis de ce côté, une certaine boiterie aussi. Vêtu d'un paletot de laine qui lui sert de robe de chambre, Pasteur descend au rez-de-chaussée prendre le premier de ses repas : un bol de lait et un morceau de comté. Marie l'a rejoint, mais aussi Jean-Baptiste, son fils aîné, qui séjourne ce jour-là dans la maison. À trente-quatre ans, Jean-Baptiste s'initie à la vie diplomatique et postule pour un poste dans une ambassade. Le père et le fils ont peu l'habitude d'échanger sur des questions scientifiques... et encore moins sur des sujets diplomatiques. Pasteur les salue et s'attable devant son bol.

L'atmosphère de la maison a changé ; le beau temps a en effet chassé la pluie et illumine la pièce. Alors qu'il va plonger un morceau de sucre dans son bol de lait, Pasteur interrompt son geste et considère les cristaux de sucre agglomérés dont les facettes, éclairées par un rayon de soleil, scintillent ou s'éteignent selon leur orientation. Il fait tourner à plusieurs reprises le morceau entre ses doigts, songeur.

— Que regardes-tu donc avec tant d'attention ? demande Jean-Baptiste.

Heureux de cette interruption, Pasteur se tourne vers son fils.

— Ah ! Je vais t'apprendre quelque chose en lien avec mes premières découvertes et ce morceau de sucre. La lumière, comme tu le sais peut-être, est un phénomène vibratoire. Ce sont ces vibrations qui se propagent à travers l'espace. Un peu comme des ridules à la surface de l'eau...

Pasteur donne un coup de cuiller contre son bol, où se crée immédiatement un entrelacs de vaguelettes mouvantes.

— Et ces vibrations, justement, s'effectuent perpendiculairement à la direction de propagation de la lumière. Hormis cette contrainte, dans le cas de la lumière naturelle, ces vibrations n'ont pas d'orientation privilégiée et vont en tous sens.

Pasteur trace de grands signes désordonnés dans l'air avec sa cuiller pour le figurer.

— Mais la lumière subit des modifications quand elle est réfléchie par un corps opaque, ou réfractée par un cristal comme un grain de sucre. On parle de polarisation. C'est Étienne Malus, un ancien de l'expédition d'Égypte de l'empereur Napoléon, qui a rapporté ce phénomène pour la première fois ; il s'en est rendu compte en examinant avec un cristal de quartz la lumière du soleil couchant, réfléchie par les fenêtres du palais du Luxembourg. Une lumière polarisée ne vibre plus que dans une seule direction.

Pasteur mime ce dernier cas en agitant sa cuiller de haut en bas, sous l'œil médusé de Jean-Baptiste.

— Cette découverte m'a marqué. Je m'en suis servi pour étudier différents corps chimiques, car il s'avère que, lorsque la lumière polarisée traverse certains liquides, la direction de polarisation tourne. Le sucre dissous, dit-il en lâchant le morceau dans son bol, mais aussi le lait que tu vois sur la table, ou l'essence de térébenthine dans le flacon sur le buffet, comme toutes sortes de produits naturels, ont ce pouvoir. D'autres, comme l'eau ou l'alcool, ne l'ont pas.

— Ce pouvoir me semble bien mystérieux. Comment le voit-on ?

— À l'aide d'un polarimètre, qui mesure la rotation subie. Cela permet de caractériser les produits dissous, car la direction de polarisation tourne plus ou moins selon leur nature.

— Un... polarimètre ?

— Tout simplement un long tube de verre qui contient le liquide à étudier, muni d'un ingénieux dispositif optique ; on y observe une source lumineuse à travers, et l'on mesure la rotation opérée par la direction de polarisation. C'est Jean-Baptiste Biot, mon parrain en science que tu as connu dans ta jeunesse, l'une des figures les plus vénérables de la science de notre pays, qui m'a donné mon premier polarimètre. Ainsi, ce morceau de sucre de betterave, qui est fait de saccharose, quand il se dissoudra, fera tourner la direction de polarisation vers la droite. Les corps qui ont ce pouvoir sont dits dextrogyres. Mais il en est d'autres, tel le lactose qui se trouve dans le lait, qui le dévieraient vers la gauche ; ils sont dits lévogyres.

Et Pasteur ajoute un dernier exemple :

— Le fructose, que l'on trouve dans le miel, est également lévogyre. Ainsi, une simple vérification au polarimètre permet de confondre les fraudeurs qui ajoutent du sucre de betterave dans le miel, pour le rendre plus sucré qu'il ne l'est naturellement.

Tout cela, Pasteur s'y est frotté en début de carrière. Après ses études à l'École normale, il s'était en effet enquis d'un poste. L'administration lui offrait alors d'être affecté comme professeur de physique au collège de Tournon, dans l'Ardèche. C'était compter sans les ambitions du jeune normalien... Car il avait compris qu'il était préférable de faire ses débuts à Paris, et, plutôt que de laisser la direction de l'École choisir pour lui, Pasteur n'hésita pas à s'adresser directement à Jean-Baptiste Dumas, en espérant que ce dernier le recruterait pour donner des leçons à l'École centrale, qu'il venait de créer. Il lui écrivit une longue lettre qui ne manquait pas de circonvolutions :

« Je ne vous fais cette demande ni dans le but de gagner de l'argent, ni dans le but, beaucoup plus digne de reproches, de me mettre en relation, afin de parvenir, avec une personne aussi haut placée que vous, dans une science à laquelle moi aussi j'ai la pensée de dévouer ma vie. »

Et il ajoute :

« Mon désir, surtout, je le redis, est de me procurer le moyen de me perfectionner dans l'art de l'enseignement. »

Mais c'est Jérôme Balard, l'inventeur du brome, alors maître de conférences à l'École normale, qui proposa une place au jeune ambitieux. Pasteur voulait être à la fois chimiste et physicien : c'est ainsi qu'il choisit la cristallographie, la science qui se consacre à l'étude des cristaux et qui fait amplement appel aux deux disciplines. Cette science ne faisait pas que répondre à ses souhaits ; elle offrait aussi diverses opportunités d'approche expérimentale.

Pris par le jeu des explications, Pasteur se penche vers son fils et annonce sur un ton mystérieux :

— Je vais te raconter une énigme. Une des plus importantes de la chimie et que l'on appelait l'énigme Mitscherlich, du nom d'un célèbre chimiste allemand qui était professeur à l'université de Berlin il y a quelques décennies. Ce fut la première difficulté à laquelle j'ai eu l'idée de me confronter en cristallographie.

Marie sourit : elle pressent que son mari va se lancer dans une des leçons dont il a le secret. Elle se lève pour ranger quelques objets tandis que Pasteur commence son récit.

— Vois-tu, à l'époque, un phénomène intriguait physiciens et chimistes. Le pouvoir rotatoire d'une matière, je l'ai dit, dépend des qualités physiques et chimiques de celle-ci, si bien que deux corps de même composition chimique, pensait-on, doivent avoir les mêmes propriétés optiques. Il se trouve qu'avec les procédés en usage, on disposait de peu de substances organiques donnant des cristaux appropriés pour de telles recherches. On recourait volontiers à l'acide tartrique, qui cristallise aisément et dont on distingue deux formes. La première est le tartre ordinaire, connu depuis l'Antiquité, et que l'on trouve dans les tonneaux de vin, en dépôt le long des cercles de bois. La pharmacopée l'utilise comme vomitif, l'industrie du vêtement pour leur mordançage. La seconde forme, appelée paratartre, fut découverte fortuitement dans les cuves d'un industriel alsacien. En comparant les deux formes, on s'aperçut qu'elles avaient le même poids moléculaire, la même composition, les mêmes propriétés chimiques, mais des propriétés optiques différentes. C'est ce qu'avait remarqué Mitscherlich. Le premier, le tartre, faisait tourner la direction de la polarisation de la lumière, mais pas le second : le paratartre n'avait aucun effet.

Pasteur se redresse, emporté par son discours.

— Ce qu'il y avait d'extraordinaire, Jean-Baptiste, était ceci : la notion d'espèce chimique, telle qu'elle a été définie en 1823 par le grand Eugène Chevreul, veut que les molécules d'une même espèce soient composées des mêmes atomes, disposés de la même façon, et aient donc les mêmes propriétés chimiques et physiques. Le dogme, qu'il avait érigé en principe immuable, était celui-ci : même chimie, même corps. Or voilà que deux composés, chimiquement semblables selon les critères de Chevreul, différaient par leurs propriétés physiques. Comment admettre que des substances aussi voisines que le tartre et le paratartre agissent différemment sur la lumière ? Les plus grands chimistes avaient cherché à comprendre ce phénomène, sans succès.

Pasteur marque un temps d'arrêt pour ménager son effet, regarde Jean-Baptiste et se met à étaler des grains de sucre sur la table.

— Pour résoudre le mystère, j'ai décidé d'étudier un à un les cristaux de tartre et paratartre. Un à un, insiste-t-il en levant l'index. J'ai séparé les cristaux de tartre, puis je les ai examinés avec grande attention. J'ai alors remarqué que les facettes des cristaux étaient asymétriques, c'est-à-dire que l'une des faces était plus allongée que l'autre. Cette géométrie, me semblait-il, expliquait le pouvoir rotatoire du tartre. Et à ton avis, Jean-Baptiste, à quoi ressemblaient les facettes des cristaux de paratartre, qui n'a aucun pouvoir rotatoire ?

— Elles étaient... symétriques ? tente Jean-Baptiste, le front plissé par la concentration.

— Eh non ! Les faces des cristaux de paratartre étaient également asymétriques. J'en ai été très étonné. Beaucoup se seraient arrêtés là, en se contentant de décrire cet aspect d'asymétrie moléculaire. Mais je ne voulais pas rester sur une découverte qui ne servait qu'à prolonger l'énigme. J'ai donc repris mon examen des cristaux de paratartre, et j'ai bientôt fait une observation étrange. Certains cristaux avaient des facettes inclinées à droite, et les autres des facettes inclinées à gauche. J'ai alors décidé de les séparer à la pince en deux paquets distincts, puis de dissoudre à part chacun de ces paquets et d'étudier leur pouvoir rotatoire. Je me suis aperçu que ceux qui ont des facettes inclinées à droite dévient la direction de polarisation vers la droite, tandis que ceux qui ont une asymétrie gauche la dévient vers la gauche. Et si on les mélange en quantités égales, ce qui est le cas dans le paratartre, l'ensemble ne dévie pas la lumière. Voilà qui expliquait les propriétés du paratartre. Sais-tu, Jean-Baptiste, ce que cela signifie ?

Muet, Jean-Baptiste hésite à répondre.

— Une même espèce chimique peut exister sous plusieurs formes moléculaires différentes, du fait de l'asymétrie des molécules ! La molécule d'acide tartrique existe sous deux formes qui sont le reflet l'une de l'autre dans le miroir et qui ne sont pas superposables, comme nos deux mains.

Et comme Jean-Baptiste le regarde d'un œil étonné, Pasteur poursuit.

— Je vais te le montrer, ou plutôt te le faire sentir. Cette orange qui se trouve dans la corbeille sur la table, coupe-la en deux. Que sens-tu ?

— Bah, une odeur fraîche d'agrume.

— Oui, car ce fruit, comme le citron, contient la forme dextrogyre d'une substance qui s'appelle le limonène. Mais si tu testais la forme lévogyre du limonène, comme celle que l'on trouve dans la menthe poivrée, l'odeur serait différente. Tu sentirais des notes de pin et de térébenthine.

Pasteur prend une grande inspiration et poursuit :

— Ce qu'il faut retenir, surtout, c'est que les fonctions des molécules dépendent de leur forme. Une clé gauche ou droite n'ouvre pas la même porte, car elles n'entrent pas dans les mêmes serrures. Il en est ainsi quand une substance agit sur un récepteur, comme dans le cas des terminaisons nerveuses de ton nez ou de ta langue. La chimie ne s'explique pas seulement sur une feuille plane, en deux dimensions ; la fonction d'une molécule dépend de sa structure en trois dimensions.

En montrant qu'une forme gauche n'a pas la même activité que la forme droite d'une même molécule, Pasteur avait ouvert une nouvelle science, la stéréochimie, qui prolongeait les travaux des chimistes et des cristallographes. Que le tartre puisse exister sous deux formes, l'une droite et l'autre gauche, montrait pour la première fois que l'arrangement des atomes d'une molécule s'étudiait dans l'espace, et que sa conformation tridimensionnelle était en lien avec sa fonction dans le monde vivant. Ainsi, une hormone, une vitamine, un enzyme, un anticorps... peuvent avoir des formes inverses l'une de l'autre dans un miroir, qui les imitent sans avoir d'effet. Le principe actif d'un médicament doit ainsi avoir une certaine forme, une autre forme n'ayant pas la même efficacité et présentant même parfois des effets indésirables. Un coup de maître.

— Biot m'a fait venir chez lui pour répéter l'expérience décisive. Il m'a remis de l'acide paratartrique qu'il avait étudié lui-même. Ému par les résultats, l'illustre vieillard m'a étreint et m'a dit : « Mon cher enfant, j'ai tant aimé les sciences dans ma vie, que cela me fait battre le cœur ! »

Pasteur prend un petit air satisfait et se tait un moment. Il a eu du plaisir à évoquer ses premiers travaux. Ce fut en effet une époque mémorable. Chez Balard, le jeune scientifique travaillait d'arrache-pied et répondait à de nombreuses tâches, cumulant divers métiers : il exécutait les expériences programmées, mais il passait aussi la serpillière et faisait sa propre vaisselle. Il faut dire que Balard lui avait montré l'exemple. Pour ce maître à penser, le laboratoire était une seconde vie. De plus, sa nouvelle installation dans les locaux fraîchement inaugurés de la rue d'Ulm lui plaisait tant qu'il avait décidé de mettre un lit de camp dans le laboratoire, transformé en chambre à coucher clandestine afin d'y demeurer le plus longtemps possible. Il y dormait presque un jour sur deux, après avoir fourré une chemise de rechange, roulée dans un vieux papier, dans une des poches de sa blouse.

Pasteur en avait fait son modèle, au point qu'en 1848, pendant que l'émeute grondait dans les rues, le jeune normalien fut un temps bien décidé à ne pas sortir du laboratoire. Les premiers mois de l'année avaient vu la monarchie s'effondrer, et la République déchirée connaissait des débuts difficiles. L'inquiétude l'emporta un instant dans le cœur de Pasteur, au point de le décider à s'engager pour sauver la République. Mais, restant plus que raisonnable, il se contenta de faire un don à l'appel citoyen d'un autel de la patrie. Après ce moment d'exaltation, il s'est aisément convaincu qu'il valait mieux concentrer toute son énergie à ses recherches. Le 15 mai 1848, il publia son fameux mémoire de cristallographie, grâce auquel la biologie allait faire davantage de progrès en quelques décennies qu'en plusieurs siècles.

— Ce n'est pas tout, Jean-Baptiste, reprend Pasteur. À l'été 48, il me fallait rentrer dans le rang, c'est-à-dire trouver une place dans l'enseignement supérieur. Après un détour par Dijon, où je m'aperçus avec regret que l'enseignement négligeait la recherche, j'eus l'opportunité d'accepter un poste à Strasbourg. J'y arrivai pour la première fois en janvier 1849. Avant tout, je souhaitais fonder une famille... Or j'avais appris que le recteur Laurent avait deux filles non mariées, que je ne connaissais que par ouï-dire.

Pasteur cherche Marie des yeux, qui lui sourit.

— Voici ce que j'écrivis au recteur trois semaines plus tard, dit-il, en allant chercher dans le tiroir de sa table de nuit une lettre un peu jaunie. J'ai fait une copie de cette lettre, car j'y tiens beaucoup.

Et Pasteur, après avoir mis ses bésicles, se met à lire :

« Monsieur,

Une demande d'une haute gravité pour moi et pour votre famille vous sera faite dans peu de jours et je crois de mon devoir de vous adresser les renseignements suivants qui pourront servir à décider votre acceptation ou votre refus...

Ma famille est dans une position aisée mais sans fortune. Je n'évalue pas à plus de 50 000 F ce que nous possédons ; et quant à moi, je suis décidé depuis longtemps à laisser intégralement à mes sœurs tout ce qui me reviendra en partage. Je n'ai donc aucune fortune. Tout ce que je possède, c'est une bonne santé, un bon cœur et ma position dans l'université.

Je suis sorti, il y a deux ans, de l'École normale, agrégé pour les sciences physiques. Je suis docteur depuis dix-huit mois et j'ai présenté à l'Académie des sciences quelques travaux qui ont été très bien accueillis, le dernier surtout. Un rapport très favorable que j'ai l'honneur de vous remettre en même temps que cette lettre a été fait sur ce travail.

Voilà, Monsieur, toute ma position présente. Quant à l'avenir, tout ce que je puis en dire, c'est que, sauf un changement complet dans mes goûts, je me consacrerai à des recherches chimiques...

Mon père viendra lui-même à Strasbourg faire cette demande en mariage. Personne ici ne connaît ma démarche, et je suis assuré, Monsieur, que si vous me refusez, sans rien perdre de votre estime, ce refus ne sera connu de personne.

Recevez, Monsieur, l'assurance de mon profond respect et de mon dévouement.

Louis Pasteur

P.-S. : j'ai eu vingt-six ans le 27 décembre dernier. »

— Je me demande bien ce que le recteur Laurent a pensé de cette lettre, commente Jean-Baptiste en faisant un clin d'œil à sa mère.

— Eh bien, la réponse s'est fait attendre, répond Marie dont les joues ont pris une légère teinte rosée. Finalement, Louis a obtenu le droit de faire quelques visites de courtoisie et s'est déclaré. J'avais alors vingt-trois ans.

— Je ne regrette pas ma hardiesse, dit joyeusement Pasteur ; épouser Marie fut un de mes plus grands bonheurs. Nous ne nous sommes jamais quittés, ta mère et moi, et, j'ose le dire, elle n'a jamais quitté la moindre de mes expériences. D'ailleurs, sans Marie, aucun de mes articles n'aurait vu le jour, dit-il en levant le doigt ; elle les a tous écrits sous ma dictée !

Pasteur s'arrête un moment. Il s'attend sans doute à ce que Marie, qui le regarde avec une certaine nuance d'orgueil, et Jean-Baptiste, avec ce respect filial qui lui est habituel, relancent la conversation. Mais, voyant qu'ils sont tous deux suspendus à ses lèvres, Jean-Baptiste curieux de ces détails du passé et Marie heureuse de les revivre, Pasteur reprend le fil de son évocation.

— Nous étions donc à Strasbourg. Jeanne est née, puis toi-même dix-huit mois plus tard. Au laboratoire, un jeune normalien m'avait si bien suivi qu'il a épousé ta tante Amélie. Comme tu le sais, son neveu Adrien Loir travaille à mes côtés aujourd'hui. C'était un temps paisible. Je goûtais cette vie provinciale, entouré de l'amitié et de la considération de tous.

— En réalité, Louis ne pensait que cristaux..., commente Marie.

Pasteur le sait bien : quand il parle de cette période avec Charles Chappuis, un des rares amis qui le tutoie, et ce depuis le lycée de Besançon, ce dernier lui rappelle à l'envi.

— En fait, dans un premier temps, ma vraie préoccupation était de produire du paratartre.

Tu pourrais t'en étonner, mais ce corps chimique venait à diminuer ! Les réserves s'épuisaient et il devenait difficile d'en poursuivre l'étude. Je n'étais pas le seul à m'en inquiéter alors ; le grand Mitscherlich lui-même était préoccupé. Il me l'a dit lorsque je l'ai rencontré à Paris. Il m'a d'ailleurs amplement félicité de ma découverte sur ces cristaux. Le brave homme m'a fait l'honneur d'une belle formule, si je me souviens bien, ajoute Pasteur en caressant sa barbe. Il m'a dit que Paris était la ville où il avait appris le français et m'avait rencontré. De la part d'un aussi grand chimiste, cela fait plaisir !

Jean-Baptiste, qui entre-temps a décidé de presser l'orange pour boire son jus, fait un signe d'assentiment.

— Bref, je me suis alors lancé dans une longue pérégrination à la recherche de mon produit fétiche. Car le paratartre apparaissait comme un véritable météore chimique... Pas d'autre solution que d'aller à son origine, à la fabrique dont Mitscherlich m'avait donné l'adresse en Allemagne. Évidemment, un tel déplacement représentait une aventure, et il n'était pas question de perdre mon temps à des diversions. Lors de mon premier arrêt, il me fallut peu de temps pour m'apercevoir qu'il s'agissait d'une fausse rumeur : la molécule avait disparu d'Allemagne, ce qui ne fit qu'aiguiser ma curiosité. Où aller ? Les informations recueillies pointaient nombre de lieux, et, en les suivant tous, la route aurait pu me conduire jusqu'à Venise. Mais la route était longue, et je fis un premier arrêt à Leipzig où je retrouvai avec plaisir le professeur Hankel, qui avait traduit mon mémoire.

— Il m'a laissée pratiquement sans nouvelle pendant cette période, dit Marie, interrompant Pasteur, sauf quelques lettres qui se terminaient généralement par : « À toi et à la science pour la vie ».

— À toi et à la science ! répète Pasteur en portant un toast avec son bol. Pour poursuivre ma quête, je décidai alors d'aller à Venise en passant par l'Autriche. Le temps d'obtenir un visa, je fus contraint de m'arrêter à Dresde. Dès que je le pus, je m'échappai pour Fribourg puis Vienne, où ma quête s'arrêta quand je rencontrai l'industriel Seybel. Je mis peu de temps, en effet, à résoudre la nouvelle énigme. Avec une loupe de mauvaise qualité et malpropre, je m'aperçus que le tartre brut contenait du paratartre, et que c'était le procédé de raffinage qui entraînait sa disparition. Ainsi, si les tartres de France n'en contenaient pas, cela s'expliquait par les procédés de fabrication.

— Louis est donc revenu à Strasbourg, ajoute Marie, sans les dentelles et les objets de corail qu'il avait promis de me rapporter de Venise...

— Oui, mais la science nous a rapporté plus et mieux, car j'ai pu postuler pour un prix de la Société de pharmacie, à Paris, qui récompensait celui qui expliquerait la brusque disparition du paratartre.

— Et comme d'habitude, tout l'argent gagné est allé dans l'achat de nouveaux appareils ! Le microscope et le polarimètre n'ont pas vraiment compensé l'absence de cadeaux de voyage. Enfin, je te pardonne, conclut Marie avec indulgence.

Pasteur lui lance un regard qui se veut sévère et reprend :

— Mieux vaut s'intéresser à l'industrie qu'aux babioles que j'aurais pu t'apporter de Venise, car la nation a besoin du progrès, et cet épisode me conforta dans l'idée que la chimie ne pouvait progresser qu'avec l'industrie. Quoi qu'il en soit, une fois que je compris comment se produisait le paratartre, je rebondis sur une autre interrogation : celle qui concernait l'origine des cristaux gauches et droits. En fait je voulais être capable, non plus seulement d'interpréter l'asymétrie, mais de l'engendrer.

Et il répète, en haussant la voix :

— De l'engendrer ! Je voulais toucher aux principes mêmes de la vie, remonter à la genèse. Ces recherches faisaient peur à Marie qui pourtant ne me critiquait jamais, car elle pensait que nous touchions à l'œuvre de Dieu et entrions dans le domaine du « sacré ».

Marie hoche la tête.

— On ne peut comprendre Dieu avec les bases de la chimie, et te voilà alors comme un nouveau démiurge, en concurrence avec lui.

— Au contraire, je suis d'avis que découvrir l'œuvre divine, c'est la respecter. Ta mère craint toujours que la science ne heurte la religion, dit Pasteur en s'adressant à Jean-Baptiste. C'est une vieille querelle entre nous. Et pour revenir à l'origine de l'asymétrie, je me suis lancé dans une entreprise colossale en 1853 : j'ai décidé d'étudier tous les corps chimiques dont regorgeaient les placards de la faculté de Strasbourg. Ils s'étaient accumulés au fil du temps, collectés par les professeurs au gré de leurs spécialités. Il y en avait suffisamment pour l'étude approfondie d'une multitude de cristaux et de leur pouvoir rotatoire.

Pasteur a les yeux brillants d'excitation.

— Et j'ai fait une étrange découverte. L'asymétrie est propre au monde vivant ! Tous les corps qui dévient la direction de polarisation de la lumière, donc composés de molécules asymétriques, proviennent de végétaux, des plantes, des animaux, ou même sont d'origine humaine. Ainsi, les gommes, les huiles essentielles, l'albumine, la gélatine, la fibrine, la cellulose, ont un pouvoir rotatoire. À l'inverse, les corps chimiques qui n'ont pas ce pouvoir sont tous d'origine minérale : le gypse, la pyrite, le grenat, le calcaire en sont autant d'exemples. Hommes, animaux et plantes se distinguent du minéral par la géométrie spatiale de leurs molécules.

Il poursuit :

— Cette découverte, Jean-Baptiste, est fondamentale. La vie est non seulement asymétrique, mais a besoin d'asymétrie. Du moins, c'est ainsi que j'interprète mes résultats. Et, pour revenir aux réflexions de Marie, cette conclusion m'apparaît aussi scientifique que métaphysique. D'ailleurs, la distinction entre vivant et minéral, la vie et la mort, est profonde ; les deux règnes sont si opposés par leur forme moléculaire que je conclus à la généralisation du phénomène que je venais de découvrir. Une force cosmique est à l'œuvre dans l'Univers ; elle en cause la dissymétrie, et la vie telle que nous la connaissons en découle...

Marie se signe d'un geste de croix.

— En considérant la dissymétrie à l'échelle cosmique, je savais que je dépassais les frontières de la physique et de la chimie pour rejoindre les questions sur l'origine de la vie, continue Pasteur. Me voilà alors confronté à Darwin. Comment se fait la sélection des espèces vivantes ? Est-ce par leur asymétrie ? La vie à l'envers serait-elle l'envers de la vie, Jean-Baptiste ? Voilà le type de questions que je me posais alors.

— Et voilà Louis reparti dans toute une série d'expériences, dit Marie. Ce qui restait du prix de la Société de pharmacie est parti en fumée.

— Tu exagères. Ai-je fait tant d'expériences inutiles ?

— Par exemple, tu faisais pousser des plantes illuminées par la lumière du jour réfléchie sur un miroir. Ce qui, bien sûr, n'a pas donné une plante dont les feuilles et fleurs se positionnaient à l'envers... commente Marie avec un petit sourire en coin.

— Oui, mais cela a donné des idées à d'autres, se défend Pasteur.

— À qui donc ? demande Jean-Baptiste.

— Aux astronomes ! Lorsqu'ils examinent, avec leur télescope, la lumière que les planètes renvoient vers nous, ils regardent si celle-ci est polarisée et comment, ce qui les renseigne sur la nature des surfaces planétaires. Imaginez un peu : s'il existait de la vie sur d'autres planètes ?

— De là à s'y rendre, commente Jean-Baptiste, sceptique.

— Plus vite que tu ne crois. N'as-tu pas lu le roman *De la Terre à la Lune*, de Jules Verne ?

La conversation est interrompue par le bruit d'une carriole qui s'approche sur la route.

— Je crois que voilà mon ami Jules Vercel, qui doit nous conduire à la gare de Dole. Je vais à sa rencontre, dit Pasteur en se levant avec quelques difficultés.

En quittant la pièce, il lance une dernière remarque :

— Aux origines du vivant, Jean-Baptiste, voilà où il faut aller !

8 heures

Jules Vercel arrête ses chevaux, pose le fouet et adresse un large salut en soulevant son chapeau :

— Alors Louis, beau temps aujourd'hui !

— Beau temps mais encore frais, avec la pluie de ce matin.

— Vrai. Ce n'est pas terrible pour nos futures vendanges, maugrée-t-il en amorçant un vaste cercle du bras pour désigner les rangs de vigne au bout du chemin, geste qui est interrompu par le brusque recul de la tête des chevaux.

— Comment vas-tu aujourd'hui ?

— Cela va, dit Pasteur, mais je n'apprécie pas trop ces voyages en chemin de fer. D'abord cela secoue, et ce n'est pas bon pour le lot de bouteilles que j'emporte avec moi aujourd'hui... et puis toute cette fumée charbonneuse n'améliore pas le vin.

— Tu emportes du vin ?

— Cela t'étonne ? Je vais l'analyser à Paris pour y vérifier l'absence de microbes ; je teste un nouveau procédé de destruction des germes par la chaleur... Allons, Jules, ne tardons pas : il faut partir.

Pendant ce temps, Marie et Jean-Baptiste sont sortis sur le pas de la porte. Jean-Baptiste charge les bagages dans la calèche, puis aide son père à y monter en s'assurant qu'il pose bien son pied gauche sur le marchepied.

— Prends soin de la maison, lui glisse Pasteur au passage. N'oublie pas de surveiller les eaux de la Cuisance, le niveau peut monter après la pluie.

C'est au tour de Marie de prendre congé ; elle avance à pas prudents pour éviter la boue, puis étreint brièvement son fils en ajoutant quelques recommandations.

— Et puis aussi, Jean-Baptiste, que Josette lave bien les bols et les range dans le vaisselier ! Et fais attention à toi. Tu sais que ton père dit que la chaleur et l'humidité peuvent favoriser les microbes.

Cela dit, elle enjambe le marchepied de la calèche et s'installe derrière, tandis que Pasteur s'assied à l'avant, à côté de Vercel.

— Allez les Comtois, hue ! clame Vercel en lançant un petit coup de fouet sur les deux juments râblées qui partent aussitôt au trot.

Les premiers pieds de vigne apparaissent au bout du chemin tandis que la maison s'éloigne. Le soleil, maintenant bien levé, réchauffe les feuilles et ravive les tons. Une petite buée de chaleur s'élève. La campagne est belle. Dans l'atmosphère de ce matin de juillet, les couleurs des arbres, des vignes, de l'herbe du chemin, s'associent en un magnifique camaïeu de verts si propre au Jura, comme Pasteur l'aime. Les bouteilles, dans leur filet, s'entrechoquent et ajoutent un tintement joyeux au bruit de la carriole.

— Alors l'inventeur, cette chaleur qui tue les microbes du vin, c'est encore une de tes sacrées inventions ?

Vercel s'exprime avec un fort accent du terroir, et les mots sortent de sa bouche sur un rythme dansant, comme hachés par sa moustache. Le mot « sacré » y gagne en importance...

— Ma foi, dit Pasteur, un temps laconique.

— Et cette invention, comment marche-t-elle ?

À l'arrière, Marie se tait. Le pas cadencé du trot et les soubresauts de la route l'empêchent d'entendre tous les mots, et elle n'a pas besoin de parler : avec son envie d'instruire en tout, et particulièrement sur les microbes, Louis saura suffire seul à la conversation.

— Jules, je vais t'apprendre de quoi il s'agit, répond Pasteur. Au fond, c'est important pour un fils de vigneron comme toi.

Vercel repousse son chapeau, prend un air un peu béat qui contraste avec l'application qu'il se donne pour parer aux rigoles et trous de la chaussée, et attend. Comme Jean-Baptiste, il est habitué depuis longtemps à ces démonstrations que donne Pasteur et il les apprécie : d'abord pour l'assurance en toute chose de son ami – et il est fier d'en être si proche –, ensuite pour ses qualités de conteur ; et enfin la dernière raison, et non des moindres, est qu'il aime apprendre de lui des nouveautés scientifiques. Pasteur, quant à lui, se laisse aisément guider par l'envie d'impressionner son vieux compagnon d'enfance.

— Ce n'est pas à toi que je vais apprendre que certains vins se gâtent avec le temps, qu'ils soient mis en barriques ou en bouteilles. Tu te souviens des trois normaliens que j'avais fait venir à Arbois, en 1863 ? Je te les avais présentés. C'était pour m'aider à travailler sur ce problème.

La petite équipe réunie, on avait proposé à Pasteur un local du conseil municipal pour y faire l'étude des différents vins. Mais il avait décliné, préférant camper avec ses aides dans une arrière-salle de café, histoire de rester indépendant et de s'éviter toute pression, fût-ce celle d'une collectivité. À vrai dire, l'installation de ce laboratoire aux champs était sommaire. Ne disposant que d'un microscope et d'une mauvaise étuve, Pasteur les avait agrémentés de tubules, porte-tubes et becs à feu exécutés par le menuisier, le forgeron et le ferblantier d'Arbois. La petite équipe s'était vite mise au travail. Ne s'agissait-il pas de comparer et d'analyser un nombre considérable d'échantillons ? L'analyse devait couvrir les vins des différentes caves de la région ; Émile Duclaux, un des quatre chimistes qui allait par la suite devenir un des premiers collaborateurs de Pasteur, s'était proposé pour aller les chercher.

— Tout le monde se moquait bien de nous alors. Mais cela nous laissait indifférents. D'ailleurs, nous prenions du plaisir à ces travaux, d'autant que nous les interrompions parfois de parties de billard. Certes il s'agissait d'étudier des vins de diverses provenances, mais je voulais aussi tester une production que je ferais en propre. C'est pour cela que j'ai acheté une vigne, au sortir du village. Tiens ! Nous venons de passer devant. Oh elle n'est pas bien grande, environ cent mètres carrés, mais elle est bien exposée. Au vin de cette vigne, nous avons ajouté ceux de quelques-uns de nos plus précieux vignobles : Pommard, Volnay, Arbois, et aussi des principaux cépages, gamay ou pinot. Je m'étais demandé d'abord quelle qualité le vin peut perdre ou gagner au contact de l'air. L'air vieillit le vin, lui retire l'acidité de sa jeunesse, le rend moelleux. Le vin d'Arbois jaunit en vieillissant. De là, mon cher Jules, l'usage des tonneaux de bois, qui permet une aération lente et sensible.

Pasteur ajoute qu'au clos Vougeot, la peinture qui recouvre les fûts conserve au vin sa vivacité et sa verdeur, mais impose aussi sa mise en bouteille rapide. Pour garder un vin jeune, il faut lui retirer l'oxygène ; et pour le vieillir, l'oxygéner. En présence d'oxygène, il s'y produit en effet une réaction d'oxydation qui ne doit pas être poussée trop loin. Le vin rouge devient sinon rancio, c'est-à-dire qu'il jaunit et s'édulcore. Quant au vin blanc, il prend un mauvais goût et se madérise. En étudiant les réactions chimiques qui se produisent dans le vin, on peut ainsi interpréter scientifiquement le rôle de toutes les pratiques séculaires empiriques – caves obscures, cuves en bois, méchages, soutirage, ouillage. Oxygène et vieillissement du vin n'ont plus de secret pour Pasteur.

— Mais Louis, l'interrompt Vercel, tu me parles de l'oxygénation et de toutes ces techniques de conservation. Ce que je voudrais comprendre, c'est la technique de chauffage dont tu me parlais pour traiter les vins.

— Tu connais Nicolas Appert, le pionnier des conserves alimentaires ? À la fin du siècle précédent, il a décrit une technique de chauffage dans des récipients hermétiquement fermés pour conserver les aliments. J'ai poussé la technique plus loin.

Si Appert avait envoyé à Saint-Domingue du vin de Beaune chauffé au bain-marie, initiative ignorée de Pasteur mais qui traitait en partie le sujet, il n'avait cependant jamais songé à exploiter la méthode.

— Tu vois, Jules, avant moi, personne n'avait dit comment il fallait procéder pour conserver le vin, ni justifié pourquoi. Je l'ai fait. Le procédé est simple : il suffit de chauffer le vin entre 60 et 100 degrés pour quelques instants, sans air. Le vin est alors stabilisé. Cela ne suffit pas de mettre un procédé au point : il faut aussi démontrer son efficacité. Je l'ai fait également ; mieux, j'ai breveté le procédé en lui donnant le mot de « pasteurisation ». Bien trouvé, ne penses-tu pas ?

— Une affaire rondement menée !

— Oui et non, car tu ne peux imaginer le nombre d'attaques indignes que j'ai dû subir.

Vercel en a une petite idée, car il a lu quelques-unes de ces saillies dans *Le Moniteur scientifique*, une revue de vulgarisation éditée par un dénommé Quesneville qui y publie les comptes rendus académiques. Pasteur s'est heurté à nombre de critiques. Certains l'ont accusé de plagiat. L'un d'entre eux, Thénard, au conseil général de la Côte-d'Or, a même voulu soulever les droits d'Appert. On est allé jusqu'à dire que Pasteur n'avait donné qu'une théorie rationnelle, et que la démonstration pratique ne lui revenait pas. D'ailleurs, un certain Vergnette de Lamotte la revendiquait. Ce dernier avait imaginé proposer un séjour des vins pendant soixante jours dans une étuve ou dans un grenier avant de les faire voyager.

— Va donc dire aux négociants de Bercy ou de l'Hérault de stocker leurs vins dans des bouteilles empilées sous les toits pendant deux mois. Ils se moqueront bien de toi ! Aussi ai-je publié mes résultats dans les *Comptes rendus de l'Académie des sciences*, raille Pasteur.

Mais Vergnette a contre-attaqué avec une prétendue autre découverte. Il s'agissait de concentrer les vins par la gelée.

— Appelles-tu cela un procédé par le chauffage ? moque Pasteur. Aussi, j'ai répliqué au *Moniteur* et leur ai envoyé une lettre cinglante, terminée par ces mots : « Continuez selon vos habitudes à critiquer mes travaux et ma personne. Je puise dans vos attaques des encouragements à persévérer. À bon entendeur, salut ! »

— Bien senti ! commente Vercel.

— Eh ! Mais d'autres se sont mis à me critiquer à leur tour. Devine qui ?

— Aucune idée...

— Les bouilleurs de crus. Ils prétendaient que les vins perdaient leur bouquet. Tu sais ce que j'ai fait ? J'ai provoqué l'avis d'une commission. Des séances de dégustations comparatives ont été organisées. Le verdict a été sans retour et tu l'imagines bien, en ma faveur. Tout le monde a reconnu que si l'on suivait les règles que j'avais édictées, le chauffage n'altérait pas le goût du vin.

L'équipe de journalistes du *Moniteur viticole*, une revue plus adaptée au sujet, donc plus lue, a beau s'être acharnée contre le procédé de Pasteur, celui-ci a gagné. D'autant que l'industrie s'en est mêlée pour inventer des appareils de chauffage. Elle n'est pas seule : la commission syndicale des vins, après un vote à bulletin secret sur de grands crus goûtés à l'aveugle, a corroboré les vues du premier jury et a publié une brochure rédigée par des œnologues distingués énonçant le bon droit de Pasteur. D'ailleurs, son procédé a vite dépassé les frontières. Un vigneron de Californie a même écrit au *Monthly Statistics* de New York, si bien que le scientifique de Franche-Comté est devenu aussi populaire parmi les viticulteurs de Californie que le président des États-Unis lui-même ! Un poste de premier choix lui est promis, s'il vient y travailler.

Pasteur ne compte pas seulement sur la presse régionale ou internationale pour communiquer sur les applications de ses découvertes. Comme dans tout ce qu'il entreprend, il use de sa personne. À l'occasion, il se convertit en commis voyageur pour vanter et diffuser son procédé. On le vit par deux fois dans l'Hérault, l'une pour contrer une autre méthode concurrente, l'autre pour recevoir les fruits de sa technique. Il fut reçu à Toulon pour expliquer son procédé, sur demande du ministère de la Marine, quand la frégate *La Sibylle* appareilla en Afrique occidentale avec des barriques de vins chauffés. D'ailleurs, comme il le fait remarquer à son ami, la pasteurisation ne sert pas que pour les vins ; on s'en sert déjà pour le lait.

— Je te tire mon chapeau, dit Jules Vercel, joignant le geste à la parole, le faisant suivre d'un dernier coup de fouet.

Car la conversation des deux hommes les a menés loin : ils arrivent à la gare de Dole.

9 heures

Avec son clocheton et sa double série de huit fenêtres, la grande bâtisse qui abrite la gare de Dole, à l'extrémité de la route verte du Jura, fait belle figure. Lorsque la calèche menée par Jules Vercel fait son entrée sur la large place, devant la gare, quelques passagers s'y pressent, évitant les dernières flaques d'eau. Une dame corsetée et coiffée d'un chapeau orné d'une aigrette s'écarte pour laisser la place à la calèche, et Pasteur la remercie de la main. Vercel tire sur les rênes et l'attelage s'arrête dans un grincement.

— Nous voilà arrivés, commente Pasteur. Ce ne fut pas si long, et puis j'eus le grand plaisir de te revoir et de discuter un peu avec toi.

— Oui, j'ai bien appris, dit Vercel en insistant sur le mot « bien », comme si une leçon de choses, provenant de son ami, ne pouvait être autre que bonne et utile.

— Je suis toujours content de te faire partager mes découvertes, dit Pasteur avec fausse modestie.

Celle-ci ne cache pas seulement un contentement personnel aussi sûr qu'évident chez Pasteur. Elle traduit cette envie constante de dominer, même auprès de ses proches, comme pour montrer qu'il est devenu le premier de la classe, s'il ne l'a pas suffisamment fait sentir ou prouvé sur les bancs de l'école.

— N'hésite pas à faire connaître la pasteurisation... dont tu as sûrement compris l'importance, ajoute Pasteur avec ce petit sourire qui n'est pas de la condescendance vis-à-vis de son vieux compagnon, mais montre son envie d'en faire un complice pour assurer sa publicité.

Quand il est sûr de lui, ce qui lui arrive souvent, notamment quand il s'agit de vanter les applications de ses découvertes, Pasteur aime communiquer et aime qu'on communique pour lui.

— Marie, il nous faut aller, ordonne-t-il en se retournant vers sa femme qui s'est visiblement assoupie pendant le trajet. Nous avons le train à prendre.

Dans le même temps, Vercel est descendu lestement et s'active à récupérer les bagages du couple.

— N'oubliez pas les bouteilles !

— Certainement pas, répond Pasteur, qui s'extirpe avec plus de difficulté.

— Allez, à une prochaine fois, Louis. Tu me diras quand tu reviens, on aime bien t'avoir ici. Nous avons besoin de savants. Et bon séjour à tous deux !

Les derniers mots se perdent car le couple Pasteur s'est déjà éloigné : un employé en vareuse bleu délavée a chargé les bagages sur un petit chariot et a pris la direction du quai d'un pas vif. Louis, au bras de sa femme, avance plus lentement, mais Marie a tenu à porter les précieuses bouteilles. Parvenus sur le quai, ils croisent le sénateur Jules Thurel, un poulain du président de la République, Jules Grévy ; Pasteur le salue, se contentant de porter la main à son chapeau, tandis que l'élu lui tend la main.

Saluer reste pour Pasteur une formalité qui s'accomplit de loin, de peur de se contaminer. N'est-ce pas cette précaution d'hygiène qui, justement, lui a valu d'être battu aux élections sénatoriales en 1876, Thurel ayant raflé le siège à sa place ? Être obligé de saluer un sénateur de la Gauche républicaine est doublement impossible à Pasteur, et le fait de ne pas risquer quelque transmission de microbe est une excuse qu'il espère louable. Les deux hommes se dirigent vers des wagons différents. Pasteur en est soulagé ;

cela l'a irrité d'avoir croisé un concurrent qui a su le vaincre dans sa propre terre du Jura. Le soulagement est cependant de courte durée, car le sénateur revient sur ses pas :

— Allons, cher Pasteur, je ne vais pas vous fausser compagnie. Faisons le voyage vers Paris ensemble : vous m'apprendrez la science, et moi quelques pans de politique locale.

Pasteur ne peut refuser et les deux hommes, suivis par Marie et par le préposé, grimpent donc dans le même compartiment. Lorsque le petit groupe gagne ses places, certaines sont déjà occupées par une femme d'une quarantaine d'années, accompagnée d'un jeune garçon. La passagère est avenante et souriante.

— Décale-toi, Arthur, ordonne-t-elle à son jeune fils. Un garçon de quatorze ans doit savoir laisser sa place à Monsieur Pasteur, que je reconnais. Je suis Joséphine, la fille de Jules Marcou, ajouta-t-elle, en s'adressant au savant avec un gentil sourire.

Le garçon soulève sa casquette et salue le scientifique de la tête, en s'inclinant légèrement. Et comme Pasteur semble heureux de cette rencontre fortuite, elle ajoute :

— J'habite Paris, mais je reviens de temps à autre à Dole pour voir des cousins. J'aime tant le Jura ! L'air est vivifiant pour le petit.

Pasteur lui jette un regard de sympathie tout en s'asseyant, les précieuses bouteilles bien calées entre ses jambes. Marie se met à ses côtés. Quant au sénateur, il n'a plus qu'à occuper une des dernières places, près du couloir. Le porteur, pendant ce temps, a rangé les bagages et tend la main pour son pourboire. Pasteur, tirant son gousset, y dépose quelques pièces.

Le train se remplit petit à petit. On aperçoit, derrière les toits de la gare, les fumerolles crachées par les cheminées de la ville qui se détachent sur le ton clair du ciel. Comme à chaque fois qu'il revient ou quitte le pays, une émotion sourde étreint la poitrine de Pasteur. Elle mêle le plaisir d'avoir retrouvé quelque temps les images et odeurs de sa terre natale, la nostalgie du temps qui passe et, aussi, la conscience d'avoir parcouru un long chemin grâce à la science, de Dole à Paris, du jeune chercheur au savant aujourd'hui estimé de tous.

Un coup de sifflet du chef de train, puis celui plus prolongé et de basse, venu de l'avertisseur à air de la locomotive, annoncent le départ. Les trains, comme celui-ci, sont encore dans toute leur modernité. C'est en 1828 qu'est apparue en France la première ligne de chemin de fer, de Saint-Étienne à Andrézieux, pour transporter le charbon vers les voies d'eau les plus proches. À partir de 1850, les chemins de fer ont été construits à un rythme accéléré pour constituer un maillage ferroviaire des régions rurales. Un décret impérial de 1856 a concédé le rachat de la ligne de Dole en passant par Salins par la Compagnie du chemin de fer de Paris à Lyon. Les premières secousses de la locomotive et quelques grincements de la bielle, qui s'atténuent avec la prise de vitesse, rappellent que le réseau ferré est un facteur essentiel de l'aménagement du territoire...

Joséphine, après avoir échangé quelques mots sur son père qui vit aux États-Unis et sur sa famille, entreprend Pasteur sur ses travaux. Après tout, elle n'a pas souvent l'occasion de rencontrer un scientifique tel que lui ! Or, comme les premières heures de la journée l'ont montré, Pasteur n'est jamais avare de détails pour qui s'intéresse à ses expériences. Il y a chez lui un côté cabotin mêlé de vocation professorale ; il a le goût de convaincre et d'instruire en même temps. Et puis, au fur et à mesure des échanges, Pasteur prend plaisir à intéresser le sénateur qui l'écoute également d'une oreille attentive, bien que réservée. L'étendue de ses travaux scientifiques ne vaut-elle pas largement les activités du politique ? Et Arthur, subjugué, ose peu à peu prendre part à la conversation. En mère soucieuse d'éducation, Joséphine le pousse à se mettre en avant, espérant qu'il appréhende quelques pans de science au passage.

— Monsieur Pasteur, questionne le garçon, comment vous, un si grand savant, en êtes-vous venu à vous intéresser aux vins ?

Il désigne alors les bouteilles que les secousses du chemin de fer font s'entrechoquer.

— Oh, c'est une longue histoire, répond Pasteur en caressant sa barbe, signe d'intérêt quand on l'interroge. Je vais vous la raconter, car elle montre que les sciences appliquées méritent une bonne place dans l'enseignement. À mon avis, il faut apprendre et expérimenter, ou plutôt, expérimenter pour apprendre.

Pasteur fait alors allusion à ce moment très particulier de sa carrière où, de chimiste qu'il était, il s'est plongé dans le monde de la microbiologie. Cette mutation autant scientifique que professionnelle, il la doit à sa nomination, au début du mois de septembre 1854, comme professeur de chimie à Lille, et à une promotion d'importance au poste de doyen de la nouvelle faculté des sciences. À trente-deux ans, il s'était vu offrir cette double position et l'opportunité de quitter ainsi son poste à Strasbourg.

En août 1854, un décret impérial avait en effet scindé l'académie du Nord en deux facultés, dont l'une à Lille pour les sciences. Le choix de Lille pour créer cette nouvelle université n'était pas dû au hasard, puisqu'il s'agissait de reconnaître l'importance d'une riche région industrielle. Lille était alors la cinquième ville de France et une cité prospère, traversée par de vastes avenues aérées bordées d'immeubles bourgeois et de petites maisons de brique. La ville, comme aujourd'hui la cité de Dole, avait été reliée à la capitale par le chemin de fer du Nord. Son industrie était florissante, grâce à la filature du coton et du lin, aux constructions mécaniques, aux industries chimiques, à la houille, et aux distilleries de jus de betterave et de bière.

C'est dans cette capitale régionale en pleine extension que, prenant exemple sur les universités allemandes, le ministre de l'Instruction publique, Hippolyte Fortoul, souhaitait donner un souffle nouveau en introduisant l'enseignement des sciences appliquées. Le choix de propulser Pasteur comme doyen n'était donc pas fortuit non plus : la vision du savant sur l'enseignement était en phase avec ce projet.

— Pour moi, d'ailleurs, commente Pasteur, il ne devrait même pas exister une catégorie de science à laquelle on donne le nom de sciences appliquées. Il y a la science et les applications de la science liées entre elles, comme le fruit à l'arbre qui l'a porté. Inséparables.

Cette prise de position tranchait parmi les scientifiques de l'époque, à l'heure où l'esprit prônait la science pour la science. Son collègue Sainte-Claire Deville, l'un des plus grands chimistes, ne se définissait-il pas alors comme travaillant dans l'absurde ? Pasteur, quant à lui, prenait le contrepoint de cette idée : il annonçait clairement vouloir développer des procédés et recherches qui soient économiquement utiles, et enseigner dans un même élan la science et l'industrie. Ainsi s'exprimait-il, dans son discours inaugural prononcé en décembre 1854 au siège administratif de l'université, en imaginant l'appétence de ses futurs élèves pour les applications industrielles :

> « Où trouverez-vous un jeune homme dont la curiosité et l'intérêt ne seront pas éveillés lorsque vous mettrez entre ses mains une pomme de terre et qu'avec elle, il fera du sucre, avec ce sucre de l'alcool, avec cet alcool, de l'éther et du vinaigre ? »

Les cours avaient débuté en janvier 1855 dans de nouveaux locaux mis à la disposition de la faculté par le ministère. Dès le début, le programme, qui alliait cours théoriques et travaux pratiques, avait attiré les jeunes recrues : trois cents la première année. Des ouvriers et des femmes venaient même s'inscrire pour suivre les cours d'histoire. On faisait connaître aux élèves les fabriques des environs ; Pasteur avait organisé des visites dans les distilleries et les fonderies voisines. On allait à Valenciennes, à Denain, à Saint-Omer, et même jusqu'en en Belgique pour visiter les hauts-fourneaux et les usines de métallurgie ! Comme Pasteur l'avait écrit au recteur de Douai, « Trop souvent on croit que les jeunes gens, lorsqu'ils étudient trop longtemps, abordent les ouvriers avec des idées de roman. Je voulais leur montrer ce qu'est la réalité des manufactures. » De telles initiatives étaient si appréciées que l'enseignement pratique devint rapidement la force vive de la nouvelle faculté des sciences de Lille.

— Ainsi, jeune homme, pour revenir à votre question, je n'avais pas entrepris des études sur le vin avant d'être arrivé à Lille. Cette mutation a été providentielle, car mes recherches sur la dissymétrie moléculaire à Strasbourg piétinaient quelque peu. Je risquais de m'enfermer dans un programme de recherche stérile, parce que trop fondamental. Tandis qu'à Lille, l'occasion m'en a été offerte, notamment par le programme des cours dont j'avais la charge, et, comme je viens de vous le dire, par la manière dont j'ai abordé l'enseignement, en veillant à ne jamais couper les étudiants du monde du travail. En effet, au sein d'une région largement consacrée à la distillerie betteravière, il m'avait semblé judicieux de parler de la production d'alcool. Je m'étais fait quelques notes et, retrouvant celles-ci récemment, je me suis aperçu que je posais déjà des questions importantes : « En quoi consiste la fermentation. Caractère mystérieux du phénomène. »

— Mais qu'est-ce que la fermentation ? interrompt Arthur.

— En voilà une excellente question ! On sait depuis longtemps que l'alcool est le produit d'un processus que l'on appelle fermentation. Le sucre contenu dans le jus de betterave, par exemple, se transforme en alcool. Et cela se fait en présence de levure. Savez-vous ce qu'est la levure, jeune homme ?

Et comme l'enfant hochait négativement la tête, Pasteur reprend :

— La levure, c'est cette écume que l'on retrouve au fond du jus de betterave, qui se multiplie lors de la fermentation du sucre. Il s'agit en fait de petits organismes microscopiques. Mais quel est le véritable rôle de la levure ?

Quand j'ai commencé mes recherches, on ne le savait pas.

En esquissant un petit sourire de satisfaction, Pasteur continue :

— Mais j'ai su l'élucider, en innovant. Ce qui m'a valu mes premiers succès en chimie, c'est d'avoir été capable de raisonner en cristallographie et de recourir à une technique négligée, la polarimétrie. Pour l'étude des fermentations, j'ai usé d'une démarche également marginale. Délaissant les outils conventionnels des chimistes, j'ai imposé le microscope. C'était une technique relativement révolutionnaire à l'époque, tout à fait incongrue si l'on se réfère aux usages alors ancrés dans l'industrie ! Je m'en suis servi pour observer les étapes de la fermentation. Je ne disposais alors, en plus du microscope, que d'une mauvaise étuve chauffée au charbon. Retenez cette leçon, jeune homme : on peut faire de grandes découvertes avec un appareillage réduit. Lorsque j'ai commencé mes travaux, la plupart de ceux qui s'interrogeaient sur la fermentation du vin s'intéressaient généralement plus à son résultat, du point de vue du consommateur, qu'au processus en lui-même.

— Eh ! On peut les comprendre, blague le sénateur, qui ne dédaigne pas un bon verre de vin à l'occasion.

Imperturbable, Pasteur poursuit son explication.

— Les biochimistes plus anciens n'avaient pas donné d'explication convaincante pour rendre compte du phénomène. C'étaient tout au plus des vues de l'esprit, dont le principal défaut est de ne pas déboucher sur une théorie féconde. Au siècle dernier, le grand savant Antoine Lavoisier avait abordé la question du point de vue du chimiste. Il affirmait que si l'on mettait le sucre sur le plateau d'une balance, après fermentation, son poids était équilibré par la somme des poids de l'acide carbonique dégagé et de l'alcool formé. En bref, le sucre se transformait en deux corps, et deux seulement. La levure n'intervenant pas dans ce bilan comptable, Lavoisier n'en tenait pas compte.

En fait, les hypothèses de Lavoisier, que personne n'avait osé contredire, n'avaient été admises qu'après une série d'erreurs considérables que d'autres savants, notamment Gay-Lussac et Thénard, avaient reprises – en n'hésitant pas à modifier les résultats pour leur permettre de cadrer avec la théorie, dont la simplicité était plus apparente que réelle. Certes des expériences inexactes et des chiffres faussés ne remettaient pas l'idée en cause. Mais Pasteur avait remarqué que cet état de la question passait obstinément sous silence l'action de la levure. Or Lavoisier avait bien été obligé d'en ajouter pour faire fermenter le sucre ! La question de savoir ce que la levure avait de si nécessaire à la réalisation du processus était bien évidemment sur la table.

— En fait, pour que la fermentation se produise, le jus de betterave ou le jus de raisin ne suffit pas, précise Pasteur : il faut le contact de l'air. Le grain de raisin écrasé n'entre en fermentation qu'au contact de l'atmosphère. Car la levure est vivante et en a besoin pour croître. En réduisant tout à une simple équation chimique, on ignore le mystère de la vie.

— Monsieur Lavoisier s'était donc trompé. Et vous, Monsieur Pasteur, interroge le jeune garçon, vous avez été le premier à songer à l'action de la levure ?

— Non, répond Pasteur. Il y avait bien d'autres théories en concurrence à l'époque, et en particulier celle d'un grand savant, Justus von Liebig. Il était bardé de titres et occupait la chaire de chimie de l'université de Munich. C'est lui qui a inventé le lait artificiel, l'extrait de viande et les tablettes de bouillon dont on a fait grand usage pendant la guerre de 1870. Eh bien, savez-vous ce qu'il disait, ce grand savant, faute de pouvoir expliquer le rôle de la levure ?

Il se contentait de lui attribuer une sorte de propriété motrice : la levure, en se décomposant, communiquerait son état de déséquilibre aux sucres, qui se dégraderaient ensuite eux-mêmes.

« Lavoisier assimilait la fermentation à une simple algèbre, tandis que Liebig reconnaissait l'importance de la levure, mais pour insister sur le fait qu'elle se détruit lors de la réaction. Cette destruction, à ses yeux, induisait un nouvel équilibre ; ainsi, la levure n'était indispensable que parce qu'elle disparaissait. Dans cette théorie allemande, ce qui comptait, ce n'était pas sa vie, mais sa mort.

— Quel imbroglio ! commente Joséphine.

— Vous ne croyez pas si bien dire, car il y avait même une troisième théorie à côté de celles-ci. Cette autre philosophie chimique, qui tenait compte de la levure en niant sa transformation, provenait d'un Suédois, Jacob Berzelius. Il proposait que la levure remplisse une fonction d'allumage, liée au contact avec les espèces chimiques participant à la réaction. Elle en serait un catalyseur. C'était par la vertu particulière de cette force catalytique, pensait-il, que la levure déchaînait la réaction, par son seul contact.

— En bref, interrompt le sénateur, nous voilà avec trois théories qui se contredisent. Quelle mauvaise publicité pour la science ! Où est la fameuse vérité scientifique ? Et êtes-vous bien sûr de vous, quand vous clamez avoir fait une découverte que d'autres grands savants ont manquée ?

— Il n'y a de vérité, rétorque Pasteur, qu'à travers des manipulations bien faites et des expérimentateurs qui savent en tirer parti. Être un grand scientifique ne suffit pas à donner raison. D'ailleurs, si j'aime décrire mes hypothèses, je ne m'avance jamais à donner des réponses avant d'être sûr de mon fait. C'est la seule règle d'or, et je m'y suis toujours tenu ! En l'occurrence, il n'y eut que peu d'occasions où je fus en contradiction avec moi-même. Dans la plupart des cas, il faut le reconnaître, mes hypothèses furent vérifiées. Et c'est bien le cas ici : j'ai réussi à démêler le fil de la vérité au sein des embrouillaminis de résultats concurrents, sinon contradictoires, qui ne donnaient qu'un rôle mineur aux levures.

— Et comment y êtes-vous parvenu ? demande le jeune garçon.

— Bien simplement : il suffisait de savoir expérimenter et de se donner la peine de la réflexion. Et j'ai eu un petit coup de pouce du destin, même si, comme je le dis souvent, dans le champ de l'observation, le hasard ne favorise que les esprits préparés.

Pasteur se tait un bref instant pour considérer son auditoire. Marie, qui connaît pourtant la suite, semble aussi captivée que les autres voyageurs. Elle a été habituée à écouter : cela lui rappelle son père, le recteur, qui, si souvent, ponctuait les soirées familiales de discussions scientifiques. Pasteur commence donc à raconter les circonstances qui l'ont conduit à étudier la fermentation alcoolique.

— Peu après la rentrée universitaire de 1856, le fils d'un industriel de Lille, Émile Bigo, un élève qui suivait alors mes leçons avec grande assiduité, est venu me trouver à la fin d'un cours. L'étudiant m'a décrit une triste situation : son père, comme de nombreux fabricants d'alcool de betterave, avait des problèmes de production. L'alcool était de mauvaise qualité ; il avait un goût acide. Des vapeurs nauséabondes s'échappaient des cuves de fermentation. Ils avaient besoin d'aide.

Un premier rendez-vous avec l'entrepreneur permit à Pasteur de constater les dégâts. Pour comprendre ce qui se produisait dans les cuves, il fallait suivre les opérations sur place. Un passant aurait pu s'étonner, les premiers temps, de voir le savant quitter quotidiennement les locaux de la faculté, tirant un petit âne chargé d'une étuve et portant un microscope. N'avait-il pas en effet décidé d'installer un laboratoire avec un outillage rudimentaire rue d'Esquermes, où se trouvait la distillerie ? Il en avait transformé la cave pour réaliser ses expériences.

— Je me souviens à quel point Louis s'enthousiasmait pour ce nouveau défi, intervient Marie. Il passait ses journées dans la fabrique d'alcool et ne donnait plus qu'une leçon par semaine. Il était si attaché à résoudre le problème qu'il négligeait ses autres fonctions.

— Je me suis effectivement plongé dans le jus de betterave jusqu'au cou ! renchérit Pasteur. J'étudiais le jus fermenté, filtré ou non, l'examinant au microscope, le cultivant dans mon étude, l'analysant biochimiquement. Je suis alors passé par différentes phases. Excitation, interrogation lorsque j'explorais les différentes voies ; déception parfois ; ou comme vous auriez pu le voir compte tenu du nombre de notes rayées et biffées, reconnaissant l'erreur d'interprétation, revenant en arrière, réassurant ma route.

Et pour ponctuer chacune de ses phrases, de sa main droite vaillante, Pasteur tape son genou.

— Mais très vite, dit-il dans un dernier geste, grâce à deux observations d'importance, j'ai retrouvé la voie du succès. La première, je l'ai faite à l'aide du microscope. J'ai remarqué que la levure – le ferment – change de forme selon l'état de la fermentation. Les organismes étaient ronds quand la fermentation était normale, tandis qu'ils étaient allongés en bâtonnets quand elle était défectueuse. La seconde observation, c'est à l'analyse biochimique que je la dois. Lorsque la fermentation se faisait mal, j'ai noté la présence en grande quantité d'un acide qui n'aurait pas dû se trouver là : l'acide lactique. Plus ce produit apparaissait, plus les ferments avaient des formes allongées, et moins il y avait d'alcool formé.

Le savant aurait pu s'en tenir à cette démonstration, ou au fait que c'était la fixation d'hydrogène sur les nitrites, un composant de la betterave, qui dégageait les vapeurs nauséabondes lorsque la distillation était défectueuse. Avoir découvert la présence d'acide lactique suffisait de fait à répondre aux interrogations de l'industriel Bigo et à expliquer les mauvaises fermentations. Mais Pasteur tenait à venir à bout du problème et à comprendre, plus généralement, à quoi était due la fermentation, en l'occurrence la fermentation lactique qui prenait le dessus sur la fermentation alcoolique.

— Pour aller jusqu'au fond de l'affaire, je suis revenu à mes premières découvertes sur la capacité de certains corps chimiques à dévier la direction de polarisation de la lumière. J'ai décidé de mesurer l'activité optique des espèces qui apparaissent lors de la fermentation. Car l'asymétrie moléculaire, j'en suis convaincu, ne s'observe que si les molécules sont produites par des organismes vivants.

— Que voulez-vous dire ? interroge Joséphine. Je ne suis pas sûre de bien comprendre.

— C'est pourtant simple, répond Pasteur. J'avais préalablement démontré que toutes les molécules qui proviennent du vivant ont une action sur la lumière polarisée. Donc... si des molécules ayant ce pouvoir apparaissent lors de la fermentation, celle-ci est bien due à l'activité d'un organisme vivant. Et c'est le cas ! Autrement dit, c'est parce que les micro-organismes sont vivants que la fermentation peut se réaliser. Vous comprenez maintenant ! Les levures n'agissent qu'à travers leur activité biologique, leur capacité fonctionnelle de microbe. En le démontrant, je contrais Lavoisier qui ne croyait pas à leur rôle, ainsi que Berzelius et Liebig qui ne croyaient pas à leur action en tant qu'être vivant.

— Au fond, vous rattachiez l'étude de la fermentation à vos premiers travaux de chimiste sur la dissymétrie moléculaire, remarque le sénateur, qui pour une fois ne manque pas de finesse.

— Tout à fait. Mais la démonstration restait incomplète. Il fallait prouver de façon indiscutable que le ferment était un germe vivant, directement responsable de la production d'alcool, car le fait d'avoir découvert l'asymétrie des corps chimiques restait une hypothèse hardie sur le rôle de ces microbes, qui allait contre la tradition et remettait en question le côté passif du ferment. Retenez bien, à nouveau, qu'énoncer que le ferment agissait sur le jus de betterave parce qu'il est vivant, que la fermentation est un acte biologique et non chimique, c'était lutter contre la majorité des grands noms de la chimie. Cela ne me rebutait pas car je ne doutais pas de moi une seule minute, mais il me fallait encore fournir une autre preuve.

— Laquelle ?

— La preuve que l'on pouvait cultiver ces germes.

Pasteur a eu l'intuition qu'il suffisait, pour cela, d'apporter des aliments appropriés à la multiplication de la levure lactique, dont il n'avait pas encore établi l'existence, ne faisant que la supposer. Et c'est ce qu'il réussit à faire, en montrant que le milieu nutritif se comporte comme un engrais favorisant la pousse de la levure. Le ferment se cultive comme un végétal ! Pour concevoir un tel milieu, Pasteur a raisonné par analogie : s'il s'agit d'une levure, elle doit ressembler à celle de la bière. Il a donc supposé qu'un extrait soluble de levure de bière en pleine croissance contient les éléments – on pourrait dire les aliments – propres à leur multiplication et y a repiqué avec succès des levures responsables de la production d'acide lactique. Une nouvelle classe de levure fut ainsi isolée, celle qui précisément, contaminant les levures assurant la fermentation alcoolique, est responsable des fermentations défectueuses par production d'acide lactique.

Un nouveau pas considérable dans la compréhension des fermentations fut donc franchi. Quand on parcourt son célèbre mémoire sur la fermentation lactique daté d'avril 1857, on constate que Pasteur a déjà presque tout trouvé. Avec une tranquille assurance qui est une des forces du savant, il montrait non seulement qu'il avait identifié une nouvelle classe de levure et rattaché sa présence à la fermentation lactique, mais qu'il savait aussi la cultiver et, encore mieux, la sélectionner par une nutrition appropriée.

S'étant interrompu quelque temps pour faire campagne à l'Académie des sciences, où un siège était vacant – un autre savant fut malheureusement élu en mars 1857 –, Pasteur poursuivit ses recherches sur le ferment. Sa première publication sur la fermentation lactique fut suivie d'une autre, en 1860, sur la fermentation alcoolique, qui débute en fanfare : « J'appelle fermentation alcoolique la fermentation qu'éprouve le sucre sous l'influence du ferment qui porte le nom de levure de bière. [...] Car il n'y a pas d'hésitation, c'est la levure qui fait la fermentation et non l'inverse. » Ainsi, la nature de la levure, repérable par sa taille, sa forme, sa composition ou encore la vitesse de sa multiplication, détermine la spécificité de la réaction et des produits formés, tantôt alcool, tantôt acide lactique. Dans un cas comme dans l'autre, Pasteur affirme qu'il est en face de micro-organismes vivants : c'est là la principale originalité de ses travaux. Il est parvenu à une définition révolutionnaire : la fermentation est une conséquence de l'acte de reproduction des germes vivants qui constituent la levure.

Pasteur se redresse et pose sa voix pour conclure son exposé :

– Quelques années après la demande de l'industriel Bigo, j'ai donc établi avec précision que l'acide lactique qui troublait les cuves de jus de betterave provient d'une contamination malencontreuse par de « mauvaises » levures. Et j'ai bien sûr proposé des procédés pour s'en débarrasser : le chauffage pour détruire la levure lactique, le repiquage pour produire la levure alcoolique.

Pasteur ne le dit pas, mais c'est un avenir immense qui s'est alors ouvert pour les levures, à l'heure où, par tous les moyens, l'on s'attache à relayer par l'industrie ce que l'homme a appris de la nature et qu'il a reproduit empiriquement, sans comprendre, depuis des siècles. Ce fut surtout une nouvelle carrière pour Pasteur, qui quitta la chimie, au moins comme objectif premier, pour s'intéresser dorénavant à la microbiologie. Ses travaux se poursuivirent rue d'Ulm, à l'École normale supérieure, où il fut nommé, en 1857, administrateur chargé des études, et où il installa son laboratoire.

10 heures

Tandis que le temps s'écoule lentement pour le sénateur, qui ne comprend goutte aux explications, plus vite pour le jeune adolescent et sa mère, qui tentent de les suivre, le train a lui cheminé à vive allure, si bien qu'on a quitté les bois sombres du Jura pour les plaines tranquilles de la Saône. Des champs parsemés de troupeaux épars apportent une vision plus riante de la campagne. Un silence se fait, ponctué par le bruit rythmique des roues sur les rails. Il est à nouveau rompu par Joséphine qui, par politesse, voulant rétablir l'équilibre du temps de parole, se tourne vers le sénateur.

— Sénateur, la science de Monsieur Pasteur nous a plongés dans le jus de betterave ; vous avez sûrement des épisodes plus reluisants à nous raconter. Je suppose qu'un républicain comme vous, qui semblez proche de notre président, a dû être reçu à l'Élysée de multiples fois. Ce devait être fastueux, n'est-ce pas ?

Mais alors que le sénateur se présente comme un homme de terrain qui préfère arpenter la campagne du Jura plutôt que de profiter des ors de l'État, Pasteur intervient :

— Eh bien, moi, j'ai été invité à une des « Compiègne », ces festivités organisées par le couple impérial pour réunir les plus grandes personnalités. L'empereur Napoléon III m'avait fait savoir qu'il serait fort intéressé d'être tenu informé de mes recherches et m'a convié à passer une semaine au château de Compiègne à l'automne 1865.

— Avant Louis, le seul savant qui avait été invité était le médecin Claude Bernard, ajoute Marie avec orgueil. Je n'ai pu l'accompagner, mais Louis m'a tout raconté en détail : il m'écrivait chaque soir ce qu'il avait vécu dans la journée. Imaginez : il a été reçu en même temps que les peintres Eugène Delacroix et Horace Vernet, ainsi que les romanciers Alexandre Dumas fils et Jules Sandeau.

Être reçu à Compiègne était certes une perspective flatteuse, mais c'était aussi pour Pasteur, comme il le reconnaissait volontiers, une obligation redoutable. D'abord parce qu'il fallait une garde-robe spéciale : dans la journée, on était simplement en frac ou en redingote, mais le soir, l'étiquette réclamait le port de l'habit à la française. Ensuite, on passait son temps à geler ou à rôtir entre les couloirs interminables ; les chambres d'invités étaient glaciales et, à l'inverse, les appartements impériaux surchauffés.

— Racontez-nous : comment s'est passée la rencontre avec le couple impérial ? Nous voulons tout savoir, l'enjoint Joséphine.

Pasteur, qui n'a pas besoin d'encouragement, continue déjà sur sa lancée en décrivant le cérémonial qui cadrait la présentation des invités de la semaine. Les dames se rangèrent en face des hommes, et le couple impérial fit son entrée dans le salon où se massaient les convives. L'impératrice Eugénie, quittant le bras de l'empereur, s'arrêta devant chaque dame que le chambellan lui présentait et parlait à toutes. L'empereur faisait de même avec la rangée des hommes, mais ceux-ci étant très nombreux, les gros bonnets étaient mis en avant par les petits bonnets qui leur faisaient place. L'empereur donna quelques poignées de main sans dire grand-chose à chacun de ceux qu'il connaissait, puis remonta ensuite la rangée pour qu'on lui présente les nouveaux visages.

Pasteur, tout à son histoire, ne remarque pas le visage agacé du sénateur et poursuit :

— L'empereur s'arrêta devant moi, et le chambellan me présenta. « Ah », me dit-il, « il y a si longtemps que je désirais vous féliciter sur vos beaux travaux. » Je lui répondis : « Sire, c'est un grand honneur pour moi. » Il me demanda si je poursuivais mes recherches, et je répondis par l'affirmative : « Je m'efforce de rester dans la même voie. C'est seulement en demeurant longtemps dans les mêmes études que l'on peut espérer voir un peu mieux que ses devanciers. » L'empereur convint que j'avais bien raison.

— Que se passa-t-il après ? questionne Arthur.

— Après le dîner, nous sommes passés au salon de famille pour le café.

Pasteur décrit alors le moment où l'impératrice l'entraîna dans une conversation animée traitant des microbes, des maladies épidémiques et des mauvaises fermentations du vin français. Mais l'empereur, ne voulant pas être en reste, arracha le savant à ces discours qu'il trouvait trop généraux pour entrer dans le détail de ses recherches.

— L'empereur m'a semblé tout à fait intéressé, et a fait des réflexions justes et judicieuses. Mais, surtout, il m'a demandé à constater par lui-même mes découvertes, en ajoutant qu'il voulait examiner au microscope des échantillons de vin mal fermenté au cours de la semaine. J'avoue que j'étais si excité que je n'ai pas dormi trois heures cette nuit-là.

Le lendemain eut lieu une chasse à courre à laquelle Pasteur s'abstint de participer. Il ne manquait pas de préoccupations, car il lui fallait trouver du vin gâté pour le faire examiner au microscope à l'empereur. Ce fut une tâche délicate, car la première table de France soignait bien ses réserves. Il finit cependant par trouver quelque mauvais échantillon et, en attendant que vînt son tour pour la petite expérience que l'empereur avait souhaitée, il put tranquillement profiter des plaisirs du château, où régnait une certaine bonhomie.

Entraîné par son admiration pour le couple impérial, Pasteur fournit de nombreux détails.

— Figurez-vous que quand il ne travaillait pas, l'empereur se promenait en paletot, comme un bon bourgeois. C'était vraiment un type extraordinaire que cet homme-là ! Et l'impératrice Eugénie m'a charmé par son élégance, sa simplicité et son extraordinaire curiosité pour les sujets scientifiques. Une fois, elle m'a convoqué pour animer un petit groupe. Je suis arrivé dans un petit salon où se trouvaient plusieurs personnes. L'impératrice était vêtue d'un charmant manteau de laine rouge, une sorte de paletot garni seulement d'une dentelle en point d'Angleterre autour du cou. On commença par discuter sur les sujets du jour, mais bien vite l'impératrice me mit en avant pour parler science, et notamment de la maladie des vers à soie.

— Des vers... à soie ? grimace le jeune garçon.

— Il ne s'agit pas tout à fait de vers, explique Pasteur avec indulgence. C'est la chenille du bombyx du mûrier qui produit, lorsqu'elle fabrique son cocon, un fil de soie brute. Cette même soie qui fait ensuite le bonheur des dames ! Vous devriez aller visiter les élevages dans le midi de la France. Toujours est-il que ces élevages étaient alors ravagés par une étrange maladie, la pébrine, qui décimait les insectes. Quelques mois avant les réjouissances de Compiègne, j'avais donc entamé des recherches pour sauver la sériciculture française. Je me suis aperçu que les animaux se contaminaient par contact ou durant la gestation par un microbe, et j'ai pu édicter des mesures de prévention qui sont apparues salutaires. J'ai ainsi sauvé bien des élevages.

– Et les vins qui intéressaient tant l'empereur ?

– L'occasion s'est finalement offerte de lui présenter mes travaux. Je me suis rendu dans ses appartements avec mon microscope, mon ouvrage et mes échantillons de vin, et nous avons passé une bonne heure à discuter. J'ai ensuite rejoint les autres invités dans le salon de thé de l'impératrice, avec tout mon attirail. J'en ai fait à nouveau la démonstration, et la galerie s'est même amusée à observer les globules du sang de Sa Majesté au microscope. Vous pouvez imaginer l'effet produit !

Si l'empereur s'est ainsi intéressé de près aux travaux de Pasteur sur le vin, c'est que la viticulture a subi, au cours du XIXe siècle, de nombreux changements. La Révolution a fait passer les vignobles dans les mains des paysans, et a ainsi privé les cépages d'une élite de praticiens expérimentée dans les méthodes de culture et de vinification. La consommation de boissons alcoolisées s'est en même temps accrue, et la production de vin est désormais une des plus importantes du pays, après celle des céréales. La vigne s'est installée autour des villes, et, à la campagne, elle envahit les champs au détriment des autres cultures. Mais, avant que Pasteur ne se penche sur la question, la production vinicole de masse se faisait souvent au détriment de la qualité. Des pratiques frauduleuses comme le plâtrage du vin, une technique antique qui consiste à ajouter du plâtre au vin en tonneau pour accélérer la fermentation, ainsi que la coloration naturelle au bois de campêche, ou encore la coloration artificielle avec un dérivé de la houille, facilitaient les maladies du vin et rendaient sa conservation délicate. Or, non seulement le vin devait pouvoir vivre en cave, mais il fallait aussi qu'il voyage pour l'exportation, et parfois au-delà des mers.

Quant à la bière, sa consommation ne dépassait pas initialement les régions frontalières du nord-est et de l'est du pays. Mais depuis le début du XIXe siècle, en soixante ans, l'essor de la culture du houblon et le brassage des populations en décuplèrent l'usage. Les villes ouvraient des brasseries pour une clientèle de petits-bourgeois avide de sensations. La bière était réputée n'apporter qu'un peu d'alcool et pas mal de nutriments ; mais cette boisson ne présentait pas non plus toujours les qualités hygiéniques exigées. Des producteurs peu scrupuleux offraient volontiers à leur clientèle des produits frelatés. On substituait au malt du sucre industriel, qui contenait des impuretés toxiques et introduisait des fermentations contradictoires.

En 1863, deux ans avant les fastes de Compiègne, Napoléon III, par l'intermédiaire de son aide de camp Idelphonse Favé, avait ainsi demandé à Pasteur de s'intéresser aux maladies du vin. Le savant allait le faire avec son regard de microbiologiste, en recherchant des microbes ; ses travaux sur la fermentation alcoolique n'avaient-ils pas démontré l'influence majeure d'êtres vivants sur le vin ? Le vin, pensait-on alors, est toujours en travail, du moins jusqu'à ce qu'un équilibre s'établisse entre le sucre et le ferment. Pas assez de ferments, le vin reste sucré ; trop peu de sucre, le ferment en excès altère le goût. Et chacun sait que le vin peut par exemple tourner au vinaigre ; il contient alors de l'acide acétique, et son goût est piqué ou aigri. Plutôt que croire à un phénomène naturel irrémédiable, Pasteur estimait avoir affaire à une contamination par un germe extérieur. Quand ils vieillissent, les vins peuvent en outre subir d'autres influences parasites. Par exemple la maladie de la graisse, rare dans les vins rouges et fréquente dans les vins blancs des petits vignobles, leur donnait un aspect filant et huileux. La demande de l'empereur avait ainsi sa logique et son urgence. Pasteur, flatté qu'au sommet du pouvoir on s'intéresse à ses travaux, accepta la requête impériale, refusant cependant toute aide financière.

Quand il se lança dans l'étude, au début des années 1860, avec sa petite équipe rassemblée à Arbois, comme il le racontait à Jules Vercel, son diagnostic initial fut alarmant. Les vins de table étaient à ce point malades que, malgré les dénégations des propriétés récoltantes, il n'y avait pas une cave de France, chez le pauvre comme chez le riche, qui ne renferme quelques portions de vin plus ou moins altéré. Pasteur, comme on l'a vu, se découvrit à nouveau chimiste, étudiant la vie des germes en présence ou en absence d'oxygène. Il trouva par exemple, en examinant un vin blanc nantais, que la maladie de la graisse était provoquée par un champignon. Mais surtout, grâce à la pasteurisation, Pasteur mit le chauffage au service de la conservation des vins, et proposa son application dans les exploitations vinicoles.

Après avoir étudié le vin, il s'attaqua logiquement au vinaigre. Le cas du vinaigre était plus complexe qu'il n'y paraissait de prime abord. Il fallait comprendre ce qui engendrait le vinaigre, puisque, bien avant Pasteur, on y avait distingué deux agents, la fleur et la mère. La fleur désigne une mince pellicule, lisse quand elle est jeune, ridée quand elle est plus vieille, qui se trouve à la surface des tonneaux. Lorsqu'on recueille cette fleur et qu'on l'immerge, elle forme une masse visqueuse et gélatineuse, appelée alors mère du vinaigre. Mais cette dénomination est un abus de langage, comme le montrèrent les travaux de Pasteur : c'est la fleur qui fournit le principe de la fermentation. Pasteur remarqua en effet que cette peau n'est autre qu'une pullulation de champignons microscopiques ou mycodermes, *Mycoderma aceti*. Il était sûr que c'était l'action de ce champignon qui faisait le vinaigre. Quand on introduit ce champignon sur un tonneau d'alcool, il s'étale à la surface comme un voile ; c'est alors, selon Pasteur, qu'il capte l'oxygène de l'air et acidifie l'alcool. Pasteur n'était pas mécontent de s'attaquer à Liebig qui contredisait cette théorie.

Pour la démontrer, Pasteur mit en place une expérience s'inspirant d'une méthode de production du vinaigre qui se pratiquait alors en Allemagne. Le vin que l'on veut transformer en vinaigre tombe goutte à goutte sur des copeaux de bois de hêtre, entassés dans de grands tonneaux. Des trous pratiqués dans ces tonneaux assurent l'aération ; le liquide est recueilli après plusieurs passages sur le bois. Selon Liebig, ce sont les copeaux qui agissent sur le vin comme une pourriture sèche pour donner le vinaigre. Pour le détromper, Pasteur fit couler l'alcool non plus sur du hêtre, mais sur une corde : rien ne se passait. Il réitéra ensuite l'expérience avec une corde préalablement trempée dans du mycoderme : l'alcool qui s'écoulait se chargeait d'acide acétique au contact de l'air et, goutte à goutte, c'était alors du vinaigre qui se formait ! Du vinaigre pouvant ainsi être obtenu par la corde pendant plusieurs semaines. En 1862, Pasteur déposa un brevet de « biotechnologie », bravant Liebig qui continuait à ne pas le croire et rejetait ses théories avec dédain.

Cela ne suffisait pas cependant à lutter contre les maladies du vinaigre ; la technique de chauffage mise au point par Pasteur vint en renfort. Mais surtout le savant nota, en inspectant une vinaigrerie, dans des tonneaux mal filtrés, la présence de parasites, les anguillules. Les vinaigriers, habitués à les voir, ne s'en souciaient guère. Pasteur montra que leur présence était dangereuse et menaçait le mycoderme. Car l'anguillule, qui avait besoin d'air, entrait en compétition avec le germe pour capter l'oxygène. L'alcool ne se transformait alors plus en vinaigre ! Pasteur ayant ainsi montré le rôle néfaste de l'anguillule, il ne lui restait plus qu'à en proposer l'élimination.

Pasteur s'était à nouveau porté au secours de l'industrie ; il le fit encore à propos de la bière. L'idée lui en était venue après l'humiliation de la guerre franco-prussienne de 1870 : l'Alsace et la Lorraine, où la culture et l'industrie du houblon sont aussi coutumières que symboliques, avaient été perdues et ne profitaient plus à la France. Pasteur avait alors quitté la rue d'Ulm pour Arbois, puis Genève et enfin pour Clermont où il avait retrouvé son élève Émile Duclaux. Il fallait une revanche à la défaite : pourquoi pas s'attaquer à la bière ?

Pour Pasteur, il s'agissait de s'illustrer sur un terrain où l'Allemagne était supérieure. La fabrication de la bière est en effet délicate. Elle exige un grand nombre d'opérations où se distinguent deux étapes principales : le maltage et le brassage. Le maltage doit son nom à la transformation en malt d'une partie de l'amidon renfermé dans les grains d'orge : on laisse pour cela les grains germer après les avoir fait gonfler dans l'eau, puis on les sèche. Vient ensuite le brassage : le moût du malt est successivement broyé, brassé par l'eau, puis cuit et refroidi dans des cuves où on le laisse fermenter. Ces opérations se font soit à température haute, ce qui donne la bière brune, ou à température basse, ce qui donne la bière blonde. La bière brune est plus aisée à fabriquer mais elle ne peut voyager : elle s'altère rapidement. Un brasseur d'Angleterre fut ainsi menacé de faillite pour avoir tenté d'exporter sa production : toute sa cargaison de bière avait tourné avant d'arriver aux Indes ! Quant à la bière blonde, moins altérable, elle n'a pas besoin d'être consommée immédiatement, d'où son nom de bière de garde.

À vrai dire, quelle que soit l'expérience des brasseurs contemporains de Pasteur, personne ne savait alors expliquer précisément la fabrication de la bière. On se contentait de jeter la levure quand elle était mauvaise, par exemple quand les clients des cafés avoisinants venaient se plaindre de la qualité du produit. Et on accumulait les observations empiriques : la bière s'altère spontanément, surtout pendant les grandes chaleurs ; il faut se méfier quand le houblon est remplacé par la feuille de buis, qui le trouble ; etc.

Lorsque Pasteur décida de se pencher sur la bière en tournant le dos à l'empirisme de la tradition, la boisson n'était pas une nouveauté pour lui. Quand il travaillait à Lille entre 1854 et 1858, il avait étudié le rôle de la levure de bière et déterminé les conditions optimales de la fermentation. Ainsi, Pasteur posa le problème de la fabrication de la bière en termes simples, qui tiennent compte des acquis fondamentaux qu'il a établis à propos des fermentations. Pour réussir en brasserie, il importe de mettre au point un procédé de culture qui garantisse la pureté de la levure et évite toute contamination par l'un des très nombreux germes qui pullulent dans l'air.

Avec ces principes directeurs, Pasteur proposa le moyen d'obtenir une production de levure beaucoup plus importante que la production ordinaire des brasseries. En particulier, sachant que le ferment était fragilisé par les chaleurs, il inventa en 1871 une technique qui supprimait la nécessité de maintenir une chaîne du froid et permettait une production à volonté de levure avec une fermentation à basse température. Ce nouveau procédé de brasserie, pour lequel il déposa un brevet, donnait une excellente bière et, bénéfice non négligeable, évitait toute opération de chauffage du moût. Pasteur l'appela la « bière de la revanche », espérant ainsi « nuire à ces gredins d'Allemands ».

De plus il montra que la bière chauffée ne s'altérait pas et se conservait indéfiniment, tandis que les échantillons non chauffés se troublaient. Il y décela au microscope un parasite filiforme, qui est celui qui donne la maladie de la bière. Comme ce fut le cas pour les vers à soie, Pasteur fit dès lors du microscope un instrument commercial dont il préconisait l'achat aux brasseurs afin de déceler les parasites qui, mêlés à la levure saine, troublent la bière. Les anciennes pratiques ne furent pas balayées pour autant, car, alors que les bières du commerce, mal conservées, s'infectaient et devenaient détestables, celles de Pasteur, chauffées, s'éventent et perdent toute saveur. Le savant raisonne plus en chimiste qu'en brasseur ! Les spécialistes de la bière, quant à eux, savent bien que son parfum complexe provient de très nombreux facteurs : contrairement à ce que pense Pasteur, ce n'est pas une levure sans germe qui suffit à faire une bonne bière.

Finalement, c'est au Danemark qu'on a su le mieux profiter des recherches de Pasteur. Dans ce pays, la bière est une industrie florissante : les Danois sont producteurs, consommateurs et aussi exportateurs. La bière danoise doit pouvoir voyager et traverser les mers. Les publications de Pasteur, dans les années 1870, y attirèrent bien évidemment l'attention. À Copenhague, la bière de Carlsberg est produite par la famille Jacobsen, qui a fondé plusieurs décennies plus tôt une simple fabrique devenue usine. En s'inspirant des travaux du savant français, Jacobsen père et fils améliorèrent avec succès leurs procédés de fabrication. Ces progrès furent si profitables qu'ils bâtirent un laboratoire de recherche sur la bière. Loin d'être ingrat, Jacobsen fils commanda alors un buste de Pasteur pour le placer en belle position à l'entrée de la rue qui mène au laboratoire. Le buste fut exécuté en 1878 par Paul Dubois, un sculpteur en vogue que Pasteur avait rencontré à la cour de Compiègne.

Ainsi, par ses travaux sur le vin, le vinaigre et la bière, Pasteur a su aider l'industrie agroalimentaire. Les avancées techniques qu'il a impulsées répondent à des enjeux commerciaux considérables.

11 heures moins le quart

Entre-temps, le train s'est arrêté en gare de Dijon, puis est reparti au son du piston à chaleur de la chaudière. La conversation s'est tarie, et chacun somnole. On entend soudain des cris perçants dans le couloir, puis le bruit d'un départ précipité. Quelques secondes plus tard, un nouveau voyageur, le visage couvert d'un large mouchoir à carreaux, s'introduit dans le compartiment et referme promptement la porte derrière lui. Il s'assoit à la dernière place libre en poussant un soupir de soulagement, abaisse son mouchoir en laissant voir une petite barbiche, puis le porte à ses yeux rougis pour y essuyer quelques larmes.

— C'est incroyable, intolérable, glapit-il d'une voix de stentor qui contraste avec son aspect frêle.

— Quoi donc ? questionne Joséphine, un peu désarçonnée par la grossièreté du personnage.

— Il se passe qu'on nous asphyxie ! J'étais assis dans un autre compartiment lorsqu'un grand escogriffe d'employé, portant un pulvérisateur, a aspergé sièges et murs de formol. L'air est vite devenu si irrespirable que nous avons dû quitter le compartiment et nous enfuir au plus vite. Ce diable d'homme ne s'en est pas tenu là et a poursuivi sa nébulisation dans le couloir.

— Il doit bien y avoir une explication, avance Marie pour l'apaiser. Vous l'a-t-on donnée ?

— Que trop. L'employé nous a dit qu'une épidémie de choléra sévissait dans la station que nous venions de passer. Notre compartiment était le seul à avoir une fenêtre ouverte, et nous risquions donc, selon lui, de contaminer l'ensemble du wagon.

— Sage précaution, dit Pasteur. C'est une méthode qui a été proposée par un de mes collègues, un chirurgien anglais du nom de Joseph Lister, pour tuer les microbes. Le geste du préposé me paraît une bonne méthode de prévention.

— Pas tant que cela, réplique le sénateur. Tout le monde sait bien que ces fichus germes renaissent aussi vite qu'on les fait disparaître !

Pasteur lève les yeux au ciel.

— Que voulez-vous dire ? questionne Joséphine.

— Oh, Monsieur Pasteur le sait bien. Il s'est longtemps battu contre un de nos militants, Félix Pouchet, qui affirmait que les germes se régénèrent spontanément. Mais nous, dans notre parti, nous savons bien que Pouchet a raison.

— Sénateur, si je n'avais pas pour vous beaucoup de respect, je vous traiterais d'ignorant, grince Pasteur. Vous savez bien que sa théorie a échoué devant la mienne.

— Peuh. Au moins, il subsiste un doute, ajoute-t-il en croyant faire plaisir à Pasteur, car je comprends que les deux théories se valent et que rien n'est encore tranché.

— Ici, comme partout, il faut regarder les faits sans a priori, énonce Pasteur d'un ton cassant.

Si Pasteur est agacé, c'est que le sénateur ravive une vieille querelle, qu'il croyait enterrée, sur l'origine de la vie et sa reproduction. La génération spontanée a longtemps constitué une alternative traditionnelle au concept de procréation. La théorie a traversé les siècles : dès l'Antiquité, des naturalistes, botanistes et philosophes avaient énoncé comme une vérité acquise que certains animaux ne provenaient pas d'êtres de la même espèce. Ainsi, vers, punaises ou limaces existeraient sans avoir été procréés et naîtraient spontanément de la terre ou du soleil. Aristote affirmait par exemple que tout corps sec devient humide, et que tout corps humide qui sèche engendre des animaux.

Au XVIIe siècle, le Flamand Jean-Baptiste Van Helmont faisait naître des grenouilles des « miasmes » des marais et affirmait qu'il suffisait de comprimer une vieille chemise avec du grain pour que celui-ci forme une souris adulte. Un savant allemand, le jésuite Athanase Kircher, crut pouvoir affirmer que ces expériences n'étaient que bien rarement reproductibles ; et qu'en tout cas, elles nécessitaient de recourir à une puissance fécondante provenant d'un organisme vivant. Dans le même esprit, les tenants de la génération spontanée faisaient désormais intervenir la pourriture des corps et leur putréfaction. Mais il y avait des expériences contradictoires : l'Italien Francesco Redi, dans la deuxième moitié du XVIIe siècle, montra que les mouches ne naissaient pas de la viande qui fermente, mais des œufs déposés par d'autres mouches. On se rendit compte également que les vers trouvés dans la pomme ne provenaient pas de la pourriture des fruits, mais la facilitent, et doivent leur génération aux insectes qui déposent des larves.

Le temps passant, et avec l'invention du microscope, ce ne furent bientôt plus que les organismes inférieurs, germes et animalcules, que l'on soupçonnait d'apparaître spontanément. Cette théorie de la génération spontanée avait été si bien décrite, représentée, vantée, qu'elle intéressait de nombreux partisans. La vie, pour ceux-ci, naissait à partir de rien ou, plutôt, surgissait *ex nihilo* de la matière organique. La question était en fait dans l'air du temps ; tout le siècle s'interrogeait sur la notion d'espèce. Tandis que le naturaliste Charles Darwin explorait les îles Galápagos, Pasteur avait l'œil rivé au microscope. Darwin théorisait sur l'évolution des espèces ; Pasteur sur l'origine des germes et leur écologie. Les réflexions de Pasteur touchaient à l'origine de la vie, celles de Darwin à sa destinée.

Or certaines des expériences menées par Pasteur à partir de 1856, notamment sur la fermentation, fournissaient autant d'indices pour s'opposer à la génération spontanée des microbes. Cependant Pasteur ne s'engagea pas directement dans le débat. Son entrée en lice fut provoquée par un membre correspondant de l'Académie des sciences, le fameux Pouchet, alors professeur à l'École de médecine de Rouen, qui avait acquis une certaine renommée dans la communauté scientifique par ses diverses recherches en biologie animale et végétale. Prenant connaissance des travaux de Pasteur sur les fermentations, Pouchet s'était offusqué de lire que l'air atmosphérique serait à l'origine de la contamination par les levures ; Pasteur avançait en effet que si l'on supprimait tout contact avec l'air et portait les réactifs à ébullition, la fermentation ne se produisait plus.

Piqué au vif, Pasteur lui a répondu le 28 février 1859 dans une lettre qui restera célèbre. Son contenu montrait clairement qu'il était opposé à la génération spontanée, mais il prenait encore quelques précautions oratoires, car il avait conscience qu'il devait apporter des preuves irréfutables pour prouver son intuition. Contraint par la logique de ses premiers résultats, guidé par ses interrogations sur la vie et ses origines, poussé par le désir qu'il manifeste bien souvent de redresser les torts, ou peut-être par l'envie de ne pas laisser se développer une théorie qu'il jugeait erronée, Pasteur se jeta donc dans la bataille.

Sur un plan strictement scientifique, toute la difficulté était d'interpréter l'effet de l'air et celui de la chaleur. Le fait que la chaleur a un effet délétère aurait dû conduire à éliminer, ou fortement minimiser, l'hypothèse que représente la vie *ex nihilo*. Du point de vue de Pasteur, si le chauffage suffit à entraver la génération de germes, c'est que celle-ci n'est pas spontanée. Pouchet, de son côté, s'attachait à son credo : les organismes ne sont pas extraits de la matière brute proprement dite, mais bien des particules organiques des anciennes générations d'animaux et des plantes. Il présenta d'ailleurs une expérience cruciale pour convaincre ses pairs. Voici comment il opérait : il remplissait un flacon d'eau bouillante, donc stérilisée, le fermait hermétiquement et le plongeait dans une cuve à mercure. Une fois le tout refroidi, Pouchet y introduisait de l'oxygène et une petite botte de foin calciné, donc stérile. Selon ce procédé, des champignons apparaissaient à coup sûr, ce qui autorisait Pouchet à affirmer que l'air atmosphérique n'est pas responsable de la prolifération. Personne ne savait débusquer l'erreur de cette expérience princeps ; mais était-elle rigoureuse ? Certains savants soutenaient Pouchet, tandis que d'autres restaient réticents.

— Je vais rappeler les faits, assène Pasteur, les faits scientifiques, sinon ce ne sont que des racontars qui peuvent se prolonger éternellement et alimenter de faux débats. Et je prends l'assemblée de ce wagon à témoin.

Chacun dresse l'oreille.

— Pour démontrer que mon collègue Pouchet avait tort, et que la génération spontanée n'existe pas, j'ai développé toute une stratégie expérimentale exemplaire par sa rigueur. J'ai inventé un appareil à prise d'air extérieur, une sorte d'aspirateur à mécanisme hydraulique qui aspirait l'air dans mon laboratoire ou à l'extérieur. Cet air était ensuite filtré sur une bourre de coton. On pouvait alors examiner les poussières arrêtées par le coton, laver celui-ci dans un verre de montre et les analyser au microscope. J'y trouvai des germes. Pour éviter de prêter le flanc à la critique, je remplaçai bientôt le coton par une bourre d'amiante, car le coton est, comme vous le savez, une matière végétale qui aurait pu produire des germes. Cela donnait le même résultat : il y a bel et bien des germes dans l'atmosphère. Effectivement, les microbes peuvent se propager et exister dans notre environnement. Et cela justifie que l'employé pulvérise préventivement du formol dans le train.

Le barbichu toussote.

— Oh, rétorque le sénateur, cela semble être une belle et bonne expérience. Mais, si l'air peut bel et bien contenir des germes, cela ne montre pas qu'ils sont capables de se reproduire. Vous auriez dû tenter de recommencer l'expérience de Pouchet, et voir pourquoi et comment se produisait la prolifération microbienne.

— Bonne remarque, concède Pasteur. Je m'y suis attelé. J'ai rapidement découvert que le mercure était à l'origine de la contamination, et que les poussières de l'atmosphère peuvent proliférer dans le liquide qui leur sert de milieu nutritif, quel qu'il soit – mercure, eau sucrée, albumine, et même urine ou lait. Mis à l'étude, ces milieux ainsi contaminés donnent lieu à des productions très diverses : mycéliums, pénicilliums, mucorées, ou autres microbes que je me suis empressé de dessiner.

— La question était donc réglée, s'exclame naïvement Arthur.

— Pas tout à fait. Il ne suffit pas de dire que les germes se déposent et prolifèrent dans les préparations, il faut aussi démontrer que moins ils se déposent, plus les liquides restent indemnes de toute contamination microbienne.

— Qu'avez-vous inventé alors ? questionne Joséphine, ne doutant pas que Pasteur ait relevé le défi.

— J'ai imaginé de nouveaux dispositifs, à vrai dire suggérés par mon maître Jérôme Balard. Il s'agit de vases qui communiquent avec l'air extérieur par un long col auquel on donne différentes formes : col étiré, effilé, incliné, recourbé, col arrondi ou col-de-cygne. Vous avez bien compris que si on éloigne les germes de l'intérieur du récipient par de tels cols, la prolifération n'existe plus, ou peu. Il suffit de déposer dans les ballons un liquide fermentescible, chauffé après son introduction, dans un lieu où l'air est calme : le liquide reste alors limpide pendant des mois. Comme le récipient communique avec l'atmosphère, il faut bien en conclure que les coudes pratiqués dans les cols ont empêché les microbes de pénétrer à l'intérieur du liquide et de réensemencer le milieu préalablement stérilisé.

— Voilà qui me semble clore le débat, commente Joséphine.

— J'ai effectivement gagné, en 1862, un prix attribué par l'Académie des sciences sur la question de la génération spontanée. Mais je n'avais pas convaincu les sceptiques, notamment Pouchet.

Car celui-ci continuait d'expérimenter pour prouver que Pasteur avait tort. Comme ce dernier le raconte aux passagers avec un luxe de détails, Pouchet s'était lancé dans toute une série de prises d'air. Il avait examiné la poussière du laboratoire du muséum de Rouen qu'il dirigeait, mais aussi à l'abbaye de Fécamp (une poussière vieille de cinq ou six siècles !), et jusque dans les sites égyptiens du temple de Karnak à Thèbes et de la pyramide de Gizeh. Il n'avait trouvé que des débris de graines, de minéraux, des parcelles de silice, des squelettes d'insectes, et avait conclu que les germes représentaient une exception qui ne suffisait pas à expliquer la constante pullulation dans les vases. D'autres qui professaient la même théorie et niaient l'existence des germes, comme un certain Charles Musset, ne parvenaient pas à en trouver dans le mucus nasal, les glaires bronchiques et la salive, non plus que dans la neige. Mais, en l'absence de culture en milieu approprié permettant leur multiplication, comment repérer le moindre germe avec un microscope de fortune ? C'était rechercher une aiguille dans une botte de foin.

— J'ai alors repris mon bâton de pèlerin, en quelque sorte, continue Pasteur, pour convaincre ces individus qu'ils propageaient de fausses théories par de mauvaises expériences.

En fait, certaines des expériences de Pasteur étaient également critiquables, non seulement parce que l'on pouvait en effectuer d'autres, contradictoires, qui plaidaient pour la génération spontanée, mais aussi parce qu'on pouvait en tirer des conclusions théoriques difficilement soutenables. Pouchet avait notamment émis une critique judicieuse : si les germes se trouvaient partout et dans tout, écrivit-il, l'air serait manifestement obscurci, et les microbes devraient s'y trouver beaucoup plus nombreux que les gouttelettes d'eau quand elles forment les nuages épais. Or ce n'est pas ce qu'on observe.

Face à cet argument, Pasteur recula et abandonna le « panspermisme intégral » qui voyait des germes partout. Il imagina donc le « semispermisme », qui supposait que la capacité génésique de l'atmosphère n'était ni constante ni immuable, et qu'elle devait varier selon les lieux et les saisons. Le débat sur la génération spontanée déviait sur l'analyse de l'atmosphère...

— Je dus alors recourir à d'autres expériences, reprend Pasteur. Il fallait prouver que les ballons contenant un liquide fermentescible ne s'infectent ni n'importe où, ni n'importe comment. Pouvez-vous imaginer comment j'ai procédé ?

— J'ai une idée, dit le jeune garçon qui suit attentivement la conversation. Vous êtes allé dans des lieux où il devait y avoir moins d'oxygène, donc peut-être moins de germes.

— Cet enfant est remarquable, dit Pasteur se tournant vers sa mère, il fera un excellent scientifique. En août 1860, lors de vacances à Arbois, je me suis en effet lancé dans un voyage expérimental pour effectuer des prises d'air.

Ce qu'il ne décrit pas, c'est l'accoutrement pittoresque qu'il a adopté pour cette aventure. En habit noir et cravate, lorgnon sur le nez, portant des cornues dans un panier d'osier, Pasteur avait une étrange allure. Les vignerons qu'il croisait auraient pu s'étonner, s'ils ne connaissaient pas le savant, de le voir avec son matériel, tubes, flacons, cahiers et carnets de notes, accroupi puis debout, ouvrir vingt et un de ses ballons le long de la route de Dole.

— J'ai brisé l'extrémité des fioles puis les ai stérilisées à l'alcool flambé, dit Pasteur. Huit flacons s'infectèrent. Il me fallait bien sûr comparer ce résultat avec celui obtenu dans d'autres conditions atmosphériques. C'est ainsi qu'au mois de septembre, je me rendis dans les Alpes, à Chamonix, où je me mis en quête d'un guide pour l'ascension du Montenvers, près de la Mer de glace. Un âne y porta mes trente-trois ballons, dont je brisai l'extrémité en altitude. Très peu s'infectèrent. Pour moi, tout était dit, et quand je déposais sur le bureau de l'Académie, en novembre, les résultats et comparaisons de ces diverses prises d'air, les conclusions étaient claires.

Mais ses opposants ne désarmaient pas : ils reproduisirent l'expérience dans des lieux insolites où ils retrouvaient constamment des pullulations, même en altitude. Bien sûr, Pasteur y voyait des défauts expérimentaux et suspectait des contaminations lors des transports sans grande précaution de flacons mal bouchés. Excédé par de telles contradictions qui conduisaient à des discordes publiques, il voulut contraindre ses adversaires à opérer sous les yeux de commissaires. Mais ses contradicteurs tergiversèrent sur le protocole, puis accusèrent le jury de mauvaise foi, et finalement quittèrent le lieu du débat en renonçant à un test comparatif.

Pour finir de vaincre, au moins aux yeux de l'opinion publique, Pasteur décida alors de donner une conférence à la Sorbonne, le 7 avril 1864. La foule qui s'y pressa était nombreuse. Dans les couloirs, on vit passer Alexandre Dumas, George Sand et même la princesse Mathilde. Pasteur, comme il le dit ce jour-là à ses compagnons de voyage, fut éloquent et applaudi. Dans sa grande majorité, le public lui fit une ovation.

En fait, si Pasteur l'a emporté dans le conflit, c'est par défaut. La polémique est éteinte, mais restera non close pendant longtemps ; il faudra attendre le XXe siècle pour comprendre les mystères de la procréation et de l'hérédité... Ces recherches débouchèrent néanmoins sur un terrain inattendu et particulièrement fécond. En cherchant l'origine des germes, Pasteur en est venu à courir après ceux qui pourraient être responsables des épidémies, à commencer par celles du choléra.

11 heures

Gare de l'Est, un jour de départ. Le taxi s'arrête brutalement. Un jeune homme en sort, l'air pressé, et bondit vers le grand hall de la gare pour rejoindre un groupe de trois personnes, campé près d'un distributeur automatique de boissons.

— Bonjour, je suis presque en retard. Presque, ou plus que presque, s'excuse-t-il.

— Ce n'est pas trop tôt, se plaint celui qui paraît être le plus âgé du groupe. Nous n'avons que quelques minutes pour rejoindre nos places, ajoute-t-il, et il rattache son imperméable d'un geste brusque.

— Pas de panique, dit la troisième, secouant ses cheveux blonds où un observateur attentif distinguerait quelques mèches blanches.

— Nous avons plus de temps qu'il n'en faut, reprend le quatrième qui, avec ses baskets, serait effectivement capable de gagner le train en quelques foulées.

Il fait chaud et une lumière vive traverse la verrière du grand hall. Cela pourrait être n'importe quel jour d'été, banal et atemporel, si tous les voyageurs n'arboraient pas un masque chirurgical. Cet accoutrement, comme une sorte de tampon qui colle à l'époque, dévoile qu'il s'agit des années Covid-19, lorsque le port du masque est obligatoire pour tous dans les transports en commun. Chaque membre du groupe en porte un différent, à l'image sans doute de leur caractère, à moins que ce ne soit de leur humeur. Le plus âgé est en masque bleu, la femme blonde en masque blanc ; l'homme en baskets porte un masque qui dessine un sourire ; quant au jeune homme, le sien est rouge. Une voix suave égrène la liste des trains au départ dans un haut-parleur. Des gens se pressent vers leur voie ; quelques autres, le visage levé vers les panneaux d'affichage, attendent d'apprendre le numéro de celle qui les conduira à destination.

– Allons ! s'écrie le masque bleu. Si nous manquons le train, il n'y aura pas grand monde à Arbois, cette année, pour décerner le prix Pasteur de la meilleure recherche en microbiologie et maladies infectieuses. N'oublions pas que nous représentons à nous seul presque la totalité du jury.

Car nos quatre mousquetaires du XXIe siècle ont chacun leur domaine d'expertise : le masque bleu est biologiste moléculaire ; la femme au masque blanc est microbiologiste ; le masque rouge est immunologiste, tandis que le masque sourire est spécialiste des sciences humaines et sociales. En avançant de conserve, ils gagnent leur voie de départ, dépassent la locomotive du TGV, immobile face au butoir, puis progressent le long des voitures duplex.

— C'est ici, indique le masque bleu en montrant la voiture 12. Étage supérieur.

Quand ils y entrent, presque tout le monde est déjà assis. À peine trouvent-ils leur carré que le contrôleur annonce le départ du train. Le masque bleu, un peu essoufflé, propose à chacun de s'asseoir et s'effondre lui-même lourdement.

Le train s'ébranle en douceur et prend rapidement de la vitesse. Chacun s'installe à son aise. Le masque bleu sort son ordinateur portable et l'ouvre sans cérémonial.

— Dis-moi, dit-il en se tournant vers la quinquagénaire blonde, c'est bien toi qui as pris tous les documents pour notre jury ?

— Oui, j'ai tout ce qu'il faut, répond-elle en tapotant son sac.

Les quatre compagnons commencent à discuter de choses et d'autres. Est-ce à cause du geste du masque sourire qui réajuste continuellement le tissu sur son nez, ou celui du masque qui tire sur l'élastique pour soulager ses oreilles ? La conversation dérive bientôt sur les mesures de distanciation qui pèsent encore sur la population. Mais, sans doute parce qu'ils s'apprêtent à en parler lors du jury scientifique d'Arbois, il est vite question de la manière dont les humains se sont protégés des maladies contagieuses à travers l'histoire et de l'apport de Pasteur dans leur combat contre les germes. Le masque rouge, qui a étudié la question dans un récent livre sur les épidémies, allume son iPad pour retrouver un certain passage de Pasteur à propos des maladies du vin et de la vigne, et plus généralement des microbes, qu'il lit à ses compagnons :

> « Un abri mis à temps aurait pu les éloigner, comme on préserve l'Europe du choléra et de la peste... par des quarantaines. N'est-il pas permis de croire, par analogie avec l'expérience des serres vitrées pour soustraire les grappes aux poussières extérieures pendant la durée de la végétation et de la maturation des grains, qu'un jour viendra où des mesures préventives d'une application facile arrêteront ces fléaux qui, tout à coup, désolent et

terrifient les populations, telle l'effroyable fièvre jaune qui a envahi récemment le Sénégal et la vallée du Mississippi ou cette autre, la peste à bubon, plus terrible peut-être, qui a sévi sur les bords de la Volga... on voit bien tout ce que l'on peut avoir à gagner, dans les hôpitaux et ailleurs, aux milles préoccupations de propreté et d'éloignement des germes d'infection, et combien il est facile d'atteindre ce but lorsque l'on marche avec la préoccupation constante de l'existence... des dangers possibles. »

— Il voulait mettre les gens sous cloche pour les préserver des germes, en quelque sorte, interrompt le masque sourire.

— Rien de très nouveau, répond le masque rouge. Pasteur, comme ceux de son temps, a appris du passé la manière dont les sociétés, au cours des âges, avaient édicté lois et règlements pour rebuter les contacts. On peut distinguer deux modèles principaux, hérités d'infections emblématiques : l'un, inspiré par la lèpre, qui isole le malade de toute vie sociale ; et l'autre, inspiré par la peste, qui instaure la quarantaine.

— Ah, la lèpre. Nous avons tous à l'esprit cette fameuse image du lépreux qui agite sa crécelle, commente le masque sourire. Mais j'avoue ne pas connaître les détails historiques.

Le masque rouge, qui ne se formalise pas de cette interruption, rappelle que l'exclusion liée à la lèpre remontait au Moyen Âge. Le terme de lèpre, dont on sait aujourd'hui qu'elle est due à une bactérie, *Mycobacterium leprae,* était alors employé pour désigner toutes sortes de maladies, notamment dermatologiques. Entre le XIe siècle, date à laquelle le nombre de cas augmenta fortement, la maladie prenant alors une tournure épidémique, et le XIVe siècle, où elle amorça un net déclin, les lépreux ou « ladres » vécurent un véritable ostracisme en Occident.

Les mousquetaires apprennent ainsi comment le troisième concile de Latran, dans le dernier tiers du XIIe siècle, édicta de terribles règles interdisant aux lépreux de se mélanger aux personnes saines, de partager leur lieu de culte, et même d'être enterrés avec elles. Le bannissement débutait par une sorte de procès au cours duquel le suspect, souvent victime de dénonciation, était déféré soit devant un représentant de l'évêque, soit devant un jury contenant des lépreux désignés comme experts, et, plus tardivement, des médecins ou des chirurgiens.

Sous le règne de Louis-Philippe, entre 1830 et 1848, la moindre bourgade avait érigé sa propre maladrerie. Autorités laïques et ecclésiastiques s'alliaient pour écarter l'indésirable, le priver de toute relation sociale. Lorsqu'il était accusé de ladrerie, le lépreux devait s'exiler après une sorte de cérémonie de « mise hors du siècle » semblable à l'office des morts. On lui notifiait les « défenses » qu'il était désormais tenu de respecter. Endossant l'habit de ladre, il ne pouvait mendier qu'après avoir signalé sa présence par la cliquette, la crécelle ou la cloche qu'on lui avait remise à cette fin. Reclus dans une léproserie ou relégué dans une cabane au bord de la route, le malade avait interdiction de se marier, et toute union antérieure était annulée.

— Et *quid* de la quarantaine ? La mesure semble clémente à côté du sort réservé aux lépreux...

Le masque rouge poursuit en rapportant que ce concept de quarantaine, c'est-à-dire l'isolement coercitif, mais transitoire, des hommes et des marchandises suspectées d'avoir été contaminés, remontait à 1377, date à laquelle le recteur de la ville de Raguse, actuellement Dubrovnik, imposa à tout navire en provenance d'une zone infectée un isolement de trente jours sur l'îlot de Mercado. Cette mesure suivait la perte, quelque trente ans auparavant, d'un tiers de la population de la ville, décimée par la peste noire ; la réclusion visait donc une défense collective contre le processus, alors ignoré, de contamination.

À vrai dire, les motivations de cette relégation étaient aussi d'ordre commercial. Tournée vers la mer, la ville prospérait en Adriatique et devait, pour conserver sa réputation, assurer la sécurité des marchandises qui y transitaient. Par la création de la quarantaine, la loi imposait que tout visiteur en provenance d'une région contaminée suive la règle de l'isolement. Aucun citoyen de la ville n'était autorisé à nourrir les reclus, ni ne devait se rendre dans la zone d'exclusion. Cette méthode préventive montrait qu'on imaginait déjà la transmission de la maladie par des porteurs sains. Quant à ceux qui montraient des symptômes, ils étaient relégués dans un enclos en dehors de la ville, établi par le médecin-chef de la ville ; ils y restaient pendant un mois, s'ils n'étaient pas morts avant.

Tous les grands ports de la Méditerranée allaient progressivement appliquer ces mesures. En 1423, le Sénat de Venise adopta une loi comparable en augmentant la durée du confinement à quarante jours, d'où le terme de « quarantaine ». Le premier édifice consacré à la rétention sanitaire fut construit sur l'île Santa Maria di Nazareth. Par déformation, on donna le nom de lazaret à ce type de bâtiments. Bagages et marchandises étaient dispersés sur une esplanade ouverte au vent et, pour garantir la séparation entre les reclus et l'intendance, l'architecture des lazarets s'inspirait de celle des prisons.

Par la suite, un triumvirat, composé de trois sages élus chaque année par le Conseil des Dix, eut le pouvoir de recourir à toute méthode coercitive qu'elle jugeait bonne afin d'éviter la pénétration des pestilences à Venise. Cette gouvernance avait droit de vie ou de mort sur les contrevenants. Ses décrets ne manquèrent pas de soulever les protestations des marchands, entravés dans le commerce par les périodes d'isolement et l'interdiction faite aux navires vénitiens de se rendre dans des zones pestiférées. Ils fâchèrent également l'Église, interdite de procession en temps d'épidémie. Les ouvriers manufacturiers, privés de travail par la baisse du volume des affaires, ajoutèrent leurs voix au concert de critiques contre ce qui pourrait pourtant apparaître comme les premières mesures de santé publique.

— Au fond, dit le masque bleu, ces troubles rappellent les formes de protestation que nous avons vécues lors de la mise en place des restrictions d'accès aux commerces, lieux de culte, salles de spectacle et autres.

— Absolument, reprend le masque rouge. Et du temps de Pasteur, on assista aux mêmes discussions sur les mesures à prendre pour éviter les contagions, aux mêmes offres aussi, celles des quarantaines. La société d'alors réagissait exactement comme nous aujourd'hui. Les discussions déchiraient les contagionnistes qui prônaient des mesures de confinement et d'isolement, et les anticontagionnistes qui s'y opposaient. Les thèses de ces derniers s'appuyaient sur la volonté des États de ne pas entraver le commerce ; ils arguaient que ces mesures étaient contraires aux droits de l'Homme et empêchaient l'attention due aux malades. Ils reprenaient aussi à leur compte les postulats de la « théorie miasmatique » propre au mouvement hygiéniste.

Selon cette doctrine, l'infection procédait d'un empoisonnement de l'air par des fermentations putrides qui diffusaient sous forme de gaz piégés dans les zones contaminées. De ce fait, les mauvaises odeurs et l'insalubrité étaient étroitement associées aux conditions épidémiques. De surcroît, les élites étaient convaincues que la terreur de la contagion qui s'emparait des populations locales favorisait la diffusion de la maladie, tout comme les concentrations d'individus dans les lieux clos ; deux arguments de plus contre l'isolement. Les intérêts commerciaux et la volonté d'éviter les mouvements de panique d'une population illettrée incitaient les notables à minimiser le danger et à délivrer des bulletins rassurants. La convergence d'intérêts économiques, politiques, et de nouvelles idées scientifiques se faisaient ressentir dans les ports, où la lourdeur des systèmes de la quarantaine freinait les échanges – échanges qui avaient de plus été démultipliés par la mise au point de la machine à vapeur, à partir de la deuxième moitié du XIXe siècle.

— Plus je t'écoute, plus je trouve que ces réactions du temps de Pasteur sont les mêmes que nous connaissons aujourd'hui avec le Covid-19, commente le masque bleu. Alors qu'à l'époque, on ne savait pas encore que ce sont les microbes qui sont responsables des infections.

— Pas facile de convaincre tout le monde du bien-fondé des mesures de santé publique, ajoute le masque blanc, passant la main dans ses cheveux blonds. Pour les politiques, que ce soient ceux du temps de Pasteur ou du nôtre, les décisions ne sont pas simples.

— Au XIXe siècle, dit le masque rouge, on reconnaissait déjà, comme aujourd'hui, que le débat n'était pas seulement médical, mais qu'il s'agissait d'un vrai problème de société. En 1832, lorsque Pasteur avait dix ans, survint en France une épidémie de fièvre jaune qui fit des milliers de morts, dont le Premier ministre Casimir-Perier. L'opinion publique en fut frappée. Les contagionnistes, pour qui la transmission du mal supposait un contact physique direct entre deux personnes, se placèrent sous la tutelle du Conseil supérieur de santé pour faire pression sur le gouvernement et préconiser cordons sanitaires, quarantaines et recours aux lazarets. Les anticontagionnistes, qui avaient de nombreux soutiens au sein de l'Académie de médecine, étaient opposés aux contrôles et étaient partisans d'un laisser-faire, cédant en cela à la bourgeoisie commerçante qui ne voulait pas de perturbation dans ses affaires.

— Pour en revenir à l'actualité, dit le masque sourire, y a-t-il des précédents en ce qui concerne l'obligation de présenter un « passe sanitaire » pour accéder à certains lieux ?

— Oui et non, car les modalités n'étaient pas tout à fait les mêmes. Le conseil de la république de Raguse, dans son principe de précaution, admettait que toute personne saine peut être atteinte d'une maladie transmissible qui ne s'est pas encore déclarée.

— C'était reconnaître le processus d'incubation avant qu'on n'en ait démontré l'existence, interrompt le masque bleu.

— Exact, reprend le masque rouge. D'où une police sécuritaire. Au cours du XVIe siècle, des consuls, représentants officiels des États avec lesquels Raguse commerçait, étaient apparus, contrôlant l'état sanitaire des équipages. Ils délivraient une patente, premier document médico-administratif de l'histoire imaginé pour favoriser des échanges sécurisés. À chaque escale, la patente était tendue à l'échelle du navire afin d'éviter le contact direct. Celle-ci était vérifiée par le responsable de la consigne, le guichet dédié à ce ministère.

Ainsi, le formulaire était dit « net » s'il n'y avait pas de peste dans le port d'où le navire provenait ; il était « touché » en cas d'évocation de maladie, et « brut » lorsque l'épidémie était avérée dans la cité portuaire d'où provenait le navire. Certains passagers, ou plutôt certaines professions à l'instar des marchands de tissu, étaient systématiquement soupçonnés, tout comme les Turcs et les musulmans. Et le principe s'est poursuivi dans les ports jusqu'aux temps de Pasteur. Le fait qu'un certificat de non-contagion permette la circulation ressemble à ce que nous avons vécu avec le passe sanitaire, même s'il ne s'agissait pas, à l'époque, d'attester d'une vaccination complète, d'un test négatif ou d'un rétablissement.

— J'avoue que les mois de confinement que nous avons vécus en 2020 m'ont beaucoup plus pesé que l'obligation de présenter un passe sanitaire, glisse le masque blanc.

— On a fait bien pire que quelques semaines de confinement par le passé, réplique le masque rouge. Savez-vous ce qui est arrivé à Mary Mallon ?

Devant le geste de négation des autres, il raconte :

— L'histoire date du début du XXe siècle. Mary Mallon, une cuisinière, entra au service d'un banquier new-yorkais. Une fièvre typhoïde se déclara d'abord chez une des filles, puis chez le jardinier et une des sœurs, si bien qu'onze personnes au total furent atteintes dans la maisonnée en quelques semaines. Un inspecteur fut engagé pour comprendre la source de la contamination, et l'enquête porta les soupçons sur la cuisinière : n'infectait-elle pas la nourriture en la préparant avec des mains souillées ? La cuisinière, cependant, avait déjà quitté la place depuis quelques semaines. Retrouvée et contrainte par la police de se soumettre aux examens, la cuisinière fut confondue : le bacille isolé dans ses selles la désignait comme porteur sain de la maladie ! Elle fut alors placée en quarantaine sur une île de l'East River.

« Dans un premier temps, son histoire suscita un mouvement de sympathie. En 1910, trois ans plus tard, la commission sanitaire décida de lui accorder la liberté, à condition qu'elle n'exerce plus la profession de cuisinière et qu'elle se soumette régulièrement à des examens. Mary accepta. Cinq ans plus tard, cependant, elle fut à nouveau reconnue responsable de l'épidémie qui frappa la maternité au Sloane Hospital. Total : vingt-cinq personnes touchées, dont deux décédées. Mary s'était fait engager comme cuisinière sous un nom d'emprunt ! Cette fois, l'opinion publique se retourna contre la malheureuse, et elle regagna l'île pour les trente-trois ans qui lui restaient à vivre. Elle entra dans l'histoire sous le nom de « Typhoid Mary ».

— La malheureuse ! commente le masque sourire. Et dire qu'il aurait suffi d'un peu d'hygiène pour éviter de contaminer les aliments.

— Même si ce fut un des plus longs exemples d'ostracisme pour cause d'infection, reprend le masque rouge, ce n'est pas le dernier. Les générations suivantes appliquèrent des mesures tout aussi dures. Lors de l'épidémie du VIH, au début des années 1980, les autorités américaines ajoutèrent le sida à la liste des maladies contagieuses qui interdisaient l'entrée sur le sol des

États-Unis. Débuta alors la plus massive des campagnes de dépistage du VIH, systématiquement appliquée à tous les candidats à l'immigration et aux demandeurs du statut de résident ! Les Haïtiens, désignés comme sujets à risque, furent stigmatisés, alors que sur 400 000 migrants recensés en 1987, moins de 250 d'entre eux présentaient un test positif. Deux cents de leurs compatriotes furent placés en quarantaine sur la base de Guantánamo, une pratique que fit cesser un juge fédéral de New York en 1993.

Le masque rouge s'interrompt un court instant pour rajuster son masque.

— Dans ces années-là, en Suède, pourtant un modèle de protection sociale, les personnes séropositives qui avaient refusé leur traitement étaient passibles d'une ordonnance d'isolement délivré par un médecin. Plus de soixante d'entre elles furent retenues six à neuf mois dans les hôpitaux, tandis que douze autres n'y restèrent pas moins de deux ans. Autre exemple : dans les années 1980, Cuba réussit à contenir sa petite épidémie en casernant les séropositifs dans des lieux appropriés, au reste convenablement équipés. Les résidents bénéficiaient de logements individuels en bungalow. On y délivrait nourriture, soins, classes de théâtre et d'art. Des douzaines de jeunes sans toit se sont volontairement infectées par voie sexuelle ou sanguine pour profiter de ce programme. La plupart d'entre eux en sont morts avant qu'une thérapie antirétrovirale ne puisse leur être proposée.

À cette évocation, un léger malaise saisit les mousquetaires. Après quelques secondes de silence, le masque sourire relance la conversation :

— Pour en revenir à Pasteur, à quel moment s'est produit le glissement de ses recherches entre les maladies des vins et la médecine humaine ?

— En fait, c'est en 1865, à l'occasion d'une épidémie de choléra venue d'Égypte qui a atteint Marseille puis Paris. La plus grande crainte des autorités d'alors avait été de voir se reproduire l'hécatombe de 1832. La médecine avait été impuissante, les politiques aussi. Comme je vous le racontais tout à l'heure, cette année-là, les hygiénistes étaient prêts à sacrifier la population des quartiers pauvres, à leurs yeux condamnée de toute façon. On avait fini par conclure que le choléra, qui se transmet notamment par l'eau, n'était pas contagieux, et que seule l'insalubrité de la capitale était responsable des dizaines de milliers de victimes. D'un problème médical, on avait fait une question sociale.

« En 1865, les autorités étaient face au même problème, mais le contexte politique avait changé. Si Pasteur intervint, à leur demande, en même temps d'ailleurs que Claude Bernard, c'était pour suivre son intuition : rechercher les germes qui puissent être responsables de l'épidémie. Le gouvernement, face à une crise urgente et concrète, ne souhaitait pas se limiter à une démarche exclusivement hygiéniste. C'était une avancée, au moment où les débats entre contagionnistes et anticontagionnistes n'avaient pas progressé. Des savants et des praticiens éminents faisaient remarquer que les effets de la quarantaine n'étaient pas convaincants dans le cas du choléra, et qu'un simple changement de temps suffisait parfois à mettre fin à une épidémie, comme cela avait été observé pour la fièvre jaune. D'ailleurs, ces maladies épidémiques n'atteignaient pas tout le monde et n'avaient pas, chez ceux qu'elles touchaient, la même gravité.

— Il est difficile d'imaginer, à présent, qu'on ait pu rester si longtemps sans identifier le rôle des microbes dans les maladies infectieuses, commente le masque blanc.

— C'est vrai ! On se contentait d'explications empiriques, tirées des traités d'Hippocrate sur le rôle de l'air, de l'eau et du milieu. La science s'appuyait sur les influences terrestres proposées par la biologie antique, rhabillées à la mode hygiéniste du moment. Les microbes étaient loin d'avoir conquis leurs lettres de noblesse, et l'on n'imaginait pas qu'ils puissent être responsables de telles maladies. On préférait parler de « miasmes ». Il faut ainsi saluer la décision du gouvernement de s'adresser à des scientifiques en 1865, comme maintenant à propos du Covid-19, pour comprendre les déterminants du nouveau fléau, en même temps qu'il dressait des mesures de santé publique d'isolement.

Les malades posaient aux hôpitaux un douloureux et urgent problème d'encombrement, comme nous avons pu le vivre au plus fort des vagues épidémiques. Pasteur se mobilisa. Mais, tout à son combat sur la génération spontanée et au raisonnement qu'il avait alors, il avait cherché l'agent responsable du choléra, sans le trouver, en filtrant l'air ambiant des cholériques de l'hôpital Lariboisière, au lieu de le rechercher dans l'eau contaminée ou dans les selles des malades...

Le masque rouge toussote, boit une gorgée d'eau et reprend :

— Comme vous le savez sûrement, le siècle de Pasteur a vu naître deux méthodes de protection qui s'adressaient aux individus et avaient pour but de limiter l'une, la contamination, par l'asepsie, et l'autre, l'infection, par l'antisepsie. Leur usage figura parmi les premières leçons médicales directement tirées des travaux de Pasteur sur la fermentation, les maladies des vins ou la génération spontanée.

— N'est-ce pas un certain Ignace Semmelweis qui a préconisé l'asepsie, bien avant Pasteur ? remarque le masque blanc.

— Si. D'ailleurs, à ma connaissance, jamais Pasteur ne fit allusion à Semmelweis, dont il semble avoir ignoré jusqu'à l'existence.

— C'est étonnant, remarque le masque sourire.

— Pas vraiment, répond le masque rouge. Ce pionnier de l'asepsie a eu une destinée assez kafkaïenne, et ses travaux n'ont pas été diffusés du temps de Pasteur. En France, il fallut attendre 1924 pour qu'un jeune médecin, passionné par les cas extrêmes et féru de littérature, s'intéresse à Semmelweis et lui consacre sa thèse. Ce médecin n'est autre que Louis Ferdinand Destouches, mieux connu sous le nom de Céline ! Semmelweis avait compris le mécanisme d'infection des plaies. Avant même que Pasteur ne prouve que les bactéries sont la cause de la putréfaction, il avait démontré que les chirurgiens pouvaient prévenir la suppuration des plaies chez les opérés par le lavage des mains. Mais, peut-être parce que sa découverte dépassa les forces de son génie, comme l'écrivit Céline, ou sûrement parce que son caractère lui faisait accumuler maladresse et obstination, Semmelweis fut incapable de convaincre ses pairs.

— Tu as piqué ma curiosité. Dis-nous-en plus sur ce Semmelweis, suggère le masque sourire.

Le masque rouge raconte alors que Semmelweis était un émigré, originaire de Buda, en Hongrie, où il était né en 1818 dans une famille d'épiciers. Venu à Vienne pour étudier le droit autrichien, il abandonna cependant cette discipline au bout de quelques semaines pour la médecine, et plus précisément la gynécologie obstétrique. Il fut vite surpris de la fréquence des décès par fièvre puerpérale qu'on observait lors des accouchements à l'hôpital général de la ville. Il constata néanmoins que cette fréquence n'était pas identique dans les différents pavillons : on mourait plus dans la maternité A que dans la maternité B. Il remarqua alors que, dans le service A, le toucher génital était exclusivement pratiqué par les élèves sages-femmes, alors que, dans l'autre, c'étaient les étudiants qui officiaient. De cette observation, Semmelweis tira une conclusion pratique : puisque la mort était du côté des étudiants, il fallait les supprimer, ou plutôt les remplacer par des sages-femmes.

L'expérience fut tentée, et les statistiques de la maternité A s'alignèrent sur celles de la maternité B ! Les deux chefs de service s'en émurent : on expulsa les étudiants, plus particulièrement les étrangers dont le nombre fut diminué de moitié. Cette mesure préliminaire suffit à abaisser le taux de mortalité pendant plusieurs semaines. Semmelweis chercha alors à comprendre pourquoi et comment les étudiants en médecine transmettaient la maladie. Il les suivit dans tous leurs faits et gestes, et finit par remarquer qu'ils passaient allègrement des salles de dissection au cabinet où l'on examinait les femmes enceintes.

Semmelweis eut finalement une révélation lorsqu'il apprit la mort d'un professeur d'anatomie qu'il vénérait : ce dernier avait péri d'infection généralisée après s'être blessé pendant une autopsie. C'était là le maillon qui manquait à la chaîne des déductions. En s'informant sur le détail de la maladie et sur les lésions organiques du cadavre autopsié, Semmelweis comprit que la fièvre puerpérale qui décimait les femmes et l'affection qui avait tué le professeur d'anatomie avaient une même origine : l'inoculation de « particules qui proviennent du cadavre ». C'étaient ces « particules » que les mains des étudiants et les médecins répandaient dans les salles d'hôpital et qui transmettaient les infections mortelles. En même temps qu'il découvrait, mais sans pouvoir apporter de preuves, l'origine du mal, Semmelweis inventa l'asepsie : il obligea médecins et étudiants à se laver les mains avec une solution chlorée, jusqu'à ce qu'elles soient propres et que disparaisse l'odeur du cadavre.

— Voilà l'ancêtre de nos premières méthodes de prévention contre le Covid-19, avant qu'on se rende compte des contaminations par l'air : le lavage des mains et l'utilisation du gel hydroalcoolique, intervient le masque bleu.

— Absolument. D'ailleurs, l'application de cette méthode fut un réel succès : la mortalité s'effondra dans les deux services. Tout devint dès lors évident, aussi bien la nature du mal que sa prévention. Mais, peut-être parce que le remède était trop simple, ou parce qu'il était le fait d'un jeune émigré hongrois qui rivalisait avec les pontes de l'obstétrique viennoise, personne n'y croyait ! Semmelweis ne réussit pas à publier sa théorie. Timidité, orgueil, difficulté à s'exprimer en allemand ? Il n'est pas facile de savoir ce qui a bloqué. Tout cela à la fois sans doute, ce à quoi il faut ajouter des troubles caractériels qui achevèrent de l'isoler. Semmelweis entrait dans des colères terribles chaque fois qu'il observait le moindre manquement aux directives de propreté qu'il préconisait. Lorsqu'il mourut, en 1865, le fondateur de l'asepsie, qui avait des troubles cognitifs depuis plusieurs années, n'était plus qu'une ombre, et son œuvre tomba dans l'oubli. L'importance du lavage des mains serait à réinventer.

— Par Pasteur, donc ?

— Au moins pour lui, car le lavage des mains était un véritable rite à son laboratoire. Il y avait dans un coin un évier profond, au-dessus duquel était fixé un robinet et un porte-savon. Pasteur avait appris à ses assistants à se savonner longuement les mains, mais aussi... à rincer le savon. Celui-ci était lavé à grande eau avant de le remettre en place, afin qu'il soit toujours trouvé propre par celui qui aurait à s'en servir ! Ces lavages des mains se répétaient constamment dans la journée. Lorsque Pasteur recevait la visite d'un nouveau venu au laboratoire, particulièrement s'il s'agissait d'un médecin et qu'il n'avait pu se soustraire à la poignée de main de politesse, il désignait le lavabo d'un geste de la tête à l'un ou l'autre de ses collaborateurs pour qu'il lui ouvre le robinet sans qu'il le touche, et il se précipitait pour se laver.

— Son comportement tient presque du trouble obsessionnel compulsif ! commente le masque blanc.

— Sage précaution plutôt ? Je n'aurais pas voulu vivre à cette époque où la médecine ne disposait pas encore d'antibiotiques, commente le masque bleu.

— Bon, voilà pour l'asepsie, dit le masque sourire. Mais nous en sommes encore à des arguments très indirects pour dire que ce sont des germes qui sont responsables des infections. La mise au point de l'antisepsie, cette autre grande mesure préventive, a-t-elle apporté d'autres preuves ? Pasteur eut-il une plus grande responsabilité dans sa découverte ?

C'est encore le masque rouge, mis à contribution, qui fournit les explications :

— En publiant ses études sur la bière, en 1876, Pasteur avait énoncé des principes relatifs aux causes des maladies infectieuses. Depuis longtemps, il insistait sur le lien logique qui unissait ses travaux sur la fermentation et la putréfaction à l'étude des infections microbiennes. Mais c'est à Lister que revinrent officiellement les premières applications des découvertes de Pasteur à la médecine. Il fonda la chirurgie moderne en faisant de la gangrène des membres le premier exemple d'une « fermentation pathologique » chez l'homme.

Lister ne s'était pas trouvé par hasard confronté aux réflexions pastoriennes. Titulaire d'une chaire à Glasgow, en 1815, comme tout chirurgien, il avait été confronté chez ses patients à la formation d'abcès qui ruinaient le bénéfice du scalpel. Il avait également observé que les fractures osseuses, quand elles n'étaient pas ouvertes, guérissaient le plus souvent sans complications. A contrario, l'infection se développait quand la déchirure de la peau mettait les os au contact de l'air. L'explication couramment donnée par les chirurgiens était que la gangrène tenait à l'oxygène de l'air qui, pénétrant dans la plaie, dégradait les tissus et entraînait leur putréfaction. Cette théorie plaisait à beaucoup, particulièrement aux praticiens qui se dégageaient ainsi de leur responsabilité dans les cas d'abcès et de septicémie. Si l'explication semblait crédible, Lister s'était rendu compte que cette voie ne pouvait, à elle seule, être rendue responsable du phénomène. Comment en effet expliquer que la chair ne s'infecte pas alors que le sang apporte continuellement de l'oxygène aux tissus ?

En 1865, un des collègues de Lister, professeur de chimie à Glasgow, prit connaissance des publications de Pasteur à l'Académie des sciences de Paris sur la fermentation. Il les montra à Lister, et ce fut le déclic. Aux yeux de Lister comme à ceux de Pasteur, l'air ambiant devint une des principales causes de la propagation des microbes. Puisqu'on ne pouvait raisonnablement empêcher le contact de la plaie avec le milieu extérieur, Lister tenta d'inventer un moyen pour détruire les bactéries au sein même des tissus lésés. Il pensa possible de tuer les germes grâce à une substance qui ne serait pas toxique pour les tissus humains, cherchant ainsi à prévenir l'abcès malgré l'environnement septique.

Parmi toutes les substances traditionnelles utilisées pour traiter les blessures, certaines d'entre elles, tel le vin ou la térébenthine, avaient certes un effet antiseptique, mais, étant également souvent contaminées, elles avaient également beaucoup contribué à favoriser les infections. Il fallait donc mettre au point un produit qui ne risquait pas d'avoir un effet secondaire, et dont l'usage était sans danger. C'est par hasard que Lister en vint à utiliser l'acide phénique : il avait été frappé par la lecture d'un rapport concernant ses effets remarquables sur les eaux d'égout. Une très petite quantité d'acide phénique ajoutée à ces eaux leur enlevait toute odeur putride. Elle semblait même détruire les êtres unicellulaires qui contaminaient les bestiaux broutant les pâturages avoisinant ces égouts.

Le génie de Lister fit sans doute d'analyser en termes biologiques une recommandation à l'usage des hygiénistes. Il comprit que l'acide phénique ne se contentait pas de faire disparaître les odeurs témoins de la pourriture, mais qu'il tuait également les microbes et pouvait donc prévenir la gangrène. L'antisepsie était découverte ; il restait à l'utiliser.

— Et alors ? Cela s'est-il mieux passé qu'avec Semmelweis ? Comment est-on passé de l'hypothèse à l'expérimentation ? interroge le masque blanc.

— L'occasion d'expérimenter fut donnée à Lister le 12 août 1865, répond le masque rouge. Un garçon de onze ans avait été renversé par une voiture à cheval, puis transporté à l'hôpital de Glasgow pour une fracture ouverte du tibia. Lister lava d'abord la blessure à l'eau phéniquée, puis y appliqua un coton imbibé d'acide phénique. Les semaines suivantes, il changea le pansement à plusieurs reprises en renouvelant l'application d'acide phénique. Ce fut un succès complet : aucune infection ne se déclara. Par la suite, il appliqua cette indication à dix autres cas de fractures compliquées, et elles cicatrisèrent toutes sans difficulté. Les premiers résultats étant encourageants, Lister essaya la méthode en d'autres circonstances : il proposa l'antisepsie phéniquée pour des abcès tuberculeux dont le drainage se compliquait de surinfection microbienne, ou encore expérimenta la ligature de plaies par des fils de soie trempés dans l'acide phénique.

« Contrairement à Semmelweis qui n'a pas su communiquer ses résultats, Lister fit connaître le succès de son traitement dans une série de cinq articles publiés dans *The Lancet* en 1867, et signala l'intérêt de l'antisepsie pour le traitement des fractures compliquées et divers cas de suppuration. Lorsqu'il exposa par la suite ses interventions, Lister n'omit jamais d'exposer d'abord les théories de Pasteur, puis de décrire ses propres résultats. On aurait pu croire tout résolu, mais, malgré ses résultats, Lister rencontra une forte résistance, notamment de la part des médecins anglais suspicieux des succès d'un Écossais. On se méfiait de ses pratiques, qualifiées d'« ordinaires », bien loin d'un acte chirurgical sophistiqué.

— C'est donc cela qui a lancé Pasteur sur la piste des microbes, avance le masque blanc.

— En fait ce n'est qu'en 1874, donc bien après ses premiers résultats, que Lister est entré en relation avec Pasteur et qu'il lui a écrit pour la première fois. Pasteur n'avait pas réellement suivi les travaux effectués à l'étranger par le chirurgien, et de surcroît publiés en langue anglaise.

La conversation se poursuit sur la manière dont s'effectuaient les opérations chirurgicales d'alors. Le masque rouge s'amuse à dépeindre la réalité dans toute son horreur. Les interventions se faisaient dans des petites salles encombrées de meubles ou des amphithéâtres. Les salles d'opération étaient proches des salles d'autopsie. On passait de l'une à l'autre d'autant plus facilement qu'on voyait un intérêt à comparer les symptômes des vivants aux lésions organiques des cadavres... Des étudiants en blouses crasseuses participaient aux interventions, transportant souvent dans leurs poches des pièces anatomiques récoltées en salle d'autopsie. Des membres de la famille et élèves assistaient nombreux à l'opération, parqués dans un coin. Les fenêtres étaient le seul apport de lumière, donnant des ombres latérales. La nuit, on n'y voyait presque rien. Les bougies et lampes à alcool étaient loin du champ opératoire, et le chirurgien et son aide faisaient écran, au point que, quand on opérait dans l'abdomen, c'était l'obscurité presque totale.

Quant à l'anesthésie, elle était souvent rudimentaire. C'était parfois le cocher du chirurgien qui humectait le visage du malade d'un liquide anesthésique avec un linge. Le praticien opérait en habit noir, dans une tenue qui rappelait celle des bouchers d'abattoir ; la vieille redingote était tachée de sang et de pus. L'habileté de l'opérateur se mesurait à l'état de sa blouse. Plus elle était détrempée et maculée, plus il en était fier ! Les instruments étaient souvent sa propriété. Au moment décisif, il sortait un scalpel de ses affaires en l'essuyant dans un mouchoir. Pendant l'intervention, le chirurgien, pour avoir les mains libres, prenait l'instrument entre ses dents ; il apportait d'ailleurs parfois ses propres éponges, charpies et bandages. L'important était de faire vite et adroitement pour éviter toute complication. On n'hésitait pas à faire gicler le sang, à mettre le doigt sur le vaisseau sanguin, à couper et à tailler fort et vite dans les tissus, tout en restant indifférent à l'entourage, aux cris du public, et parfois à ceux du malade qui s'était malencontreusement réveillé.

— Mon Dieu, frissonne le masque blanc, c'est une véritable scène de Grand-Guignol. J'espère que les travaux de Lister, et plus indirectement ceux de Pasteur, ont rapidement fait changer les mentalités.

— Hélas, aussi probants qu'étaient les résultats de Lister, il fallut très longtemps pour que ses préconisations soient suivies, continue le masque rouge. Difficile de lutter contre ces vieilles méthodes, au moment où tout l'art du chirurgien se résumait souvent à sa rapidité ! Et quel chirurgien ayant mis toute sa vie dans son art accepterait de relever ses manches, de perdre du temps à se tremper les mains dans un liquide corrosif et de pulvériser l'atmosphère de gouttelettes qui obscurcissent la vue, irritent les yeux et font tousser ? Le phénol favorisait l'eczéma et rougissait les mains. Et puis ne fallait-il pas s'arrêter à tout instant pour rincer les éponges, et laver ses doigts et instruments ?

D'ailleurs, certains chirurgiens qui ne pratiquaient pas l'antisepsie obtenaient des résultats aussi bons que Lister. Ceux-là préféraient la stricte propreté à l'utilisation du phénol, jugé trop dangereux ; ils se servaient de compresses bouillies et se lavaient les mains au savon. Les freins tenaient surtout aux suspicions soulevées par les théories des microbes : la plupart des chirurgiens pensaient que ce n'étaient que des parasites inoffensifs et secondaires, incapables de jouer un rôle dans l'infection. Un certain Armand Després, en provocateur, contaminait ostensiblement les drains en les frottant contre le parquet, affirmant que l'asticot mangerait ainsi le vibrion ; rejetant tout autant l'asepsie que l'antisepsie, ce chirurgien facétieux s'intitulait la « vestale du pus ». Il fallut beaucoup de temps pour vaincre les réticences.

— J'y vois aussi la fameuse « résistance au changement » qui nous touche tous... commente le masque sourire.

Ce n'est qu'à partir de 1875 que l'on s'ouvrit à l'antisepsie en France, soit près de dix ans après les premiers succès de Lister. La période héroïque de l'antisepsie dura une dizaine d'années. On ne tarda pas à s'apercevoir que les germes sont bien davantage véhiculés par les mains des opérateurs, les instruments ou les éponges que l'air, l'air en étant beaucoup moins chargé qu'on ne le pensait, comme l'avaient montré les expériences sur la génération spontanée. Bref, on en viendra à écarter préventivement tout risque d'infection plutôt que de devoir désinfecter une plaie. La blouse stérile remplacera la vieille redingote des chirurgiens, et les instruments opératoires seront passés à l'autoclave. L'asepsie prendra la place des rituels antiseptiques.

Asepsie et antisepsie firent beaucoup, comme le remarquèrent nos mousquetaires masqués, pour indiquer, évoquer, suggérer que les microbes étaient effectivement responsables des infections.

En éliminant les germes ou en prévenant leur arrivée, l'infection n'apparaissait pas : ils y jouent donc un rôle. Mais ce lien restait indirect : il en fallait une démonstration expérimentale. On attendait Pasteur... et les explications qu'il donna lui-même.

12 heures

La conversation est interrompue par un événement extraordinaire : une brèche s'ouvre dans le continuum temporel, et le TGV croise un train à vapeur se dirigeant en sens inverse sur une voie parallèle.

Crachant un épais nuage de fumée noire et répandant autour de lui une étrange odeur de formol, le monstre d'acier dépasse rapidement les rames profilées du TGV, puis disparaît au loin pour retourner au siècle auquel il appartient, plus de cent trente ans plus tôt. S'ils l'avaient pu, les compagnons masqués auraient entendu, venant de l'autre train, une conversation qui semblait donner suite à leur propos.

— Dites-moi, Monsieur Pasteur, vous nous parlez des maladies infectieuses avec beaucoup d'aplomb. Il me semble pourtant que vous vous éloignez beaucoup de votre domaine d'expertise, comme lorsque vous tentiez de vous lancer en politique, attaque le sénateur, croyant prendre Pasteur en défaut.

— Je suis un spécialiste des microbes, répond Pasteur du tac au tac, imperturbable. Je fais même partie de l'Académie de médecine.

Pasteur ne relève pas la boutade sur sa carrière politique avortée, car il se console en songeant qu'il a bel et bien failli être sénateur sous l'Empire. Lors du Conseil des ministres qui s'est tenu à Saint-Cloud le 19 juillet 1869, l'empereur avait proposé d'accorder au savant une récompense nationale. Alfred Leroux, alors ministre de l'Agriculture et du Commerce, avait approuvé ce projet, auquel fut peut-être liée, l'année suivante, la désignation de Pasteur à la dignité de sénateur. Certes le décret ne fut pas promulgué et les circonstances n'ont pas permis de l'appliquer, mais il a bel et bien été signé.

— Pourtant, vous n'êtes pas médecin, insiste le sénateur. Dans quelles circonstances êtes-vous entré à l'Académie de médecine ?

Et en même temps, il regarde Pasteur d'un air intrigué et légèrement ironique.

— Bien simplement, répond le savant avec une certaine morgue. Il ne s'agissait au fond que de poursuivre dans la droite ligne de mes travaux sur la génération spontanée, en s'attaquant à l'étude de quelques-unes de ces maladies mystérieuses dont les germes pourraient être la cause. Et j'ai eu pour cela de l'aide de la République, qui m'a bien traité. En octobre 1872, j'ai adressé au président, Adolphe Thiers, par l'intermédiaire du ministre de l'Instruction publique, une demande pour me libérer de mes fonctions dans l'enseignement. J'étais alors titulaire à la faculté des sciences de Paris, directeur d'un laboratoire de l'École pratique des hautes études, établi à l'École normale supérieure, mais la paralysie qui m'avait frappé quatre ans plus tôt m'atteignait physiquement. J'ai ainsi demandé à faire valoir mes droits à la retraite de professeur, tout en conservant le laboratoire que je dirige. Eh bien, la République, reconnaissante, me les a facilement accordés. C'est ce geste honorable qui m'a permis de poursuivre sereinement mes recherches dans le domaine médical.

Pasteur se penche vers le sénateur et poursuit sur un ton plus conciliant :

— Je vous concède que lorsque je me suis lancé dans ces recherches, il y a une dizaine d'années, je me doutais bien que des personnes mettraient en cause mes compétences. Je manquais de titres médicaux, mais aussi de crédit. Comme chimiste, je risquais d'avoir peu de poids face au monde de praticiens que je ne connaissais pas – praticiens de surcroît jaloux de leurs prérogatives et de leurs savoirs. Pour exemple, un médecin réputé, Armand Trousseau, s'est moqué des chimistes de belle manière dans son fameux traité de thérapeutique. Il a écrit que le chimiste qui trouve les conditions de la respiration, de la digestion, ou de l'action de tel ou tel médicament, croit naïvement avoir trouvé la théorie de ses fonctions et de ses phénomènes, à tort bien sûr. Selon lui, les chimistes ne guériront jamais de leurs fausses certitudes... Je connaissais aussi les réticences du milieu médical à l'égard des recherches expérimentales menées au laboratoire.

Pasteur balaie ces considérations d'un revers de la main.

— Aussi, pour être entendu, il me fallait une tribune. Au début de 1873, une place devint vacante dans la section des associés libres de l'Académie de médecine, et j'ai sauté sur l'occasion. Je me suis porté candidat et j'y ai été élu, à vrai dire à une seule voix près, par 41 voix sur 79 votants. Cette faible majorité vous montre la médiocrité de cette compagnie. Depuis sa création en 1820, pendant les quarante-cinq premières années de son existence, celle-ci n'avait que peu contribué à la prophylaxie des maladies infectieuses. Ce ne fut pourtant pas par défaut d'occasion.

La peste, dont on ne connaissait pas encore l'origine, était en effet vivace en Orient et menaçait le bassin méditerranéen. Le choléra, qui parcourait l'Europe, avait touché certaines régions de France. La fièvre typhoïde et la diphtérie continuaient de se répandre parmi les populations avec une ténacité qui les faisaient considérer comme une fatalité. Des théories décevantes sur les causes des épidémies et des infections contribuaient à entretenir de dangereuses illusions. Nombre de médecins soutenaient un professeur très écouté, François Broussais, qui lançait de furieuses attaques contre la notion de contagion. Beaucoup prétendaient que la présence d'un cholérique n'était nullement nécessaire à la propagation du choléra. À la fin de l'Empire, l'Académie de médecine elle-même s'était engagée à travers un mot d'ordre qui favorisait la suppression totale des quarantaines.

D'autres membres de l'Académie acceptaient l'évolution scientifique de la microbiologie. Mais quand un jeune professeur du Val-de-Grâce, Jean Antoine Villemin, était venu lire une note en 1865 sur la cause et la nature de la tuberculose, suggérant qu'il s'agissait d'une maladie contagieuse et inoculable, un des collègues de l'Académie s'était écrié : « C'est le terrain qui est tout, et non la semence ! », indiquant par là que pour lui, il s'agit d'une maladie purement liée à la constitution du patient, et non à un microbe.

— Heureusement, reprend Pasteur, quand je suis entré à l'Académie en avril 1873, j'y ai retrouvé mon ami Claude Bernard. Il n'avait pas la langue dans sa poche : il se moquait allègrement des médecins qui soutiennent que la physiologie, c'est-à-dire l'étude de la fonction des organes, ne peut être d'aucune utilité en médecine, et qu'il n'y a là qu'une science de luxe dont on peut parfaitement se passer. Aussi, un jour, comme certains tournaient en dérision la physiologie pour vanter l'anatomie, j'ai bondi et me suis écrié en pleine séance : « L'anatomie descriptive est à la physiologie ce que la géographie est à l'histoire ! » L'un ne va pas sans l'autre : l'un parle du terrain, l'autre de la fonction.

— Bon, mais vous nous faites un triste tableau de la médecine, intervient Joséphine. Je ne veux pas croire que certains n'aient pas eu les idées plus avancées. Avez-vous, au moins, interpellé vos collègues de l'Académie sur les travaux de Lister ?

— Oui, bien évidemment. D'ailleurs, Alphonse Guérin, qui était alors doyen de la faculté de médecine de Paris et responsable du laboratoire d'anatomie et de chimie pathologique, m'avait demandé dès mon arrivée de venir observer les bénéfices dus à l'usage des pansements ouatés, qui, remplaçant le contact direct des linges, évitaient certains abcès. Guérin associait l'abcès à une maladie infectieuse mal définie, mais il avait compris que le pus était nocif. Il en attribuait les conséquences, sans bien comprendre, à un empoisonnement qu'il qualifiait de miasmatique et, de manière beaucoup plus curieuse, en rapprochait l'effet à celui d'une crise de paludisme. Mais un autre chirurgien, Stanislas Verneuil, s'opposait avec véhémence à cette idée. Il avançait une théorie dont il n'avait bien sûr aucune preuve, ne l'ayant jamais vérifiée par l'expérience : il supposait l'existence d'un toxique local, produit de la décomposition putride des tissus et de leur résorption. Quel charabia inventif ! Et il n'était pas le seul à soutenir de telles idées à l'Académie.

Pasteur soupire.

— Comme d'habitude, j'ai dû prendre les choses en main. Je voulus voir de mes propres yeux l'effet de la ouate, et, en 1873, je me suis rendu à l'Hôtel-Dieu pour examiner avec attention les résultats de Guérin et sa technique de pansement des plaies. Ce fut une de mes premières visites à l'hôpital, et j'en fus frappé. Dans les longues salles communes aux lits rangés côte à côte, mourants et valides n'étaient parfois séparés que par des tentures. À leurs pieds traînaient des bassins de déjections et du linge sale. Entre les lits, mal aérés, circulaient étudiants, infirmiers, personnels de service et visiteurs dans un va-et-vient incessant.

— Il n'est pas étonnant que les malades préfèrent rester chez eux plutôt que se faire soigner à l'hôpital, commente le barbichu. Ils y seraient promptement achevés par les conditions déplorables qui y règnent.

Pasteur ignore cette interruption et poursuit en décrivant la lettre reçue de Lister, en février 1874, qui faisait part de sa méthode. Le rapprochement avec la technique mise en œuvre par Guérin lui apparut frappant. Bien évidemment les pansements de Guérin, comme ceux de Lister, étaient responsables des succès chirurgicaux constatés, grâce à la filtration des germes par la cloison ouatée et leur destruction par la solution antiseptique. En l'absence de ces précautions, les germes contaminaient la plaie. Mais ce fait devait être prouvé par une expérimentation rigoureuse, ce que Pasteur s'empressa de faire en reproduisant en laboratoire la barrière du pansement par des tubes bourrés de ouate. Il put alors noter que la préparation restait stérile, bien que cette barrière n'empêchât pas le passage de l'air. L'occlusion permettait l'aération des tissus lésés tout en les protégeant. Il fit plus encore en stérilisant la ouate par chauffage.

— Mais croyez-vous que les chirurgiens eussent compris cette démonstration ? tonne Pasteur. Aussi invraisemblable que cela paraisse, j'ai constaté un jour, alors que nous étions à la fin des années 1870, qu'on avait pansé un homme blessé à une main sans effectuer le nettoyage nécessaire au préalable. Quand j'ai soulevé le pansement, l'odeur était repoussante. J'ai fortement réprimandé le médecin, comme vous pouvez l'imaginer, ajoute Pasteur en fronçant les sourcils d'un air sévère.

— Quand je pense aux malheureux, si nombreux, qui ont eu à souffrir des pratiques de médecins bornés, les bras m'en tombent, commente Marie. Louis est, à raison, furieux de leur inculture.

— Claude Bernard était d'ailleurs dans le même état d'esprit, reprend Pasteur. Un jour, pour me rassurer, il m'a dit qu'il resterait quelque chose de mes leçons. Il me donnait pour exemple l'anecdote suivante : son chirurgien Gosselin était venu pour sonder sa vessie, accompagné d'un jeune interne qui se réclamait de ma doctrine. Gosselin s'est lavé les mains seulement après l'avoir sondé, mais l'interne avant. Comme s'il fallait être jeune pour comprendre ce que la prévention d'une infection lors d'un acte médical doit à l'hygiène !

Et Pasteur fronce les sourcils à ce souvenir.

— Et vous, jeune homme, dit-il se tournant vers le garçon, vous lavez-vous les mains avant ou après les repas ?

— Avant et après, répond l'interrogé.

Pasteur prend un air satisfait.

— C'est bien.

— Cependant, intervient le barbichu, ceux qui comme moi n'ont pas d'opinion arrêtée sur la génération des germes continuent de se poser des questions sur l'efficacité de ces méthodes.

— Quoi ? gronde Pasteur, furieux. Vous n'avez pas d'opinion sur la génération spontanée ! J'en ai une, moi, d'opinion, et non de sentiments mais de raison, parce que j'ai acquis le droit de l'avoir par vingt années de travaux assidus, et il serait sage que tout esprit impartial la partage.

Le barbichu se tasse sur son siège. Marie, qui voit Pasteur s'échauffer, prend sa main droite et la serre doucement. Un silence pesant s'installe. Mal à l'aise, Joséphine décide de rompre la glace.

— Pour ma part, j'ai été convaincue par vos explications, Monsieur Pasteur, et Arthur aussi. À la décharge de vos détracteurs, il est bien difficile de se représenter ce que sont ces germes invisibles, responsables de tous ces abcès épouvantables que vous décrivez. Comment parvenez-vous à ne pas les confondre ?

— C'est vrai que l'observation d'un germe sous le microscope est une opération difficile et particulièrement délicate. Mais il y a un autre moyen de les identifier, en les cultivant avec des bouillons de culture appropriés. Si vous vous souvenez, ce n'est ni plus ni moins que ce que j'ai fait avec les levures. La détermination des composés qui contribuent à la croissance d'un germe devient par elle-même une méthode d'identification.

— Si je comprends bien, c'est un peu comme en cuisine, avec nous autres les humains : chacun a sa recette préférée, commente Joséphine.

— Oui, exactement, approuve Pasteur, et j'ai publié chacune de ces recettes. Pour la bactérie provoquant la maladie du charbon, par exemple, l'urine neutre donne d'excellents résultats, tandis que le bouillon fait avec des blancs de poulet convient aux germes du choléra des poules. Grâce à mes recherches, le bouillon de culture s'est imposé comme un outil essentiel pour le diagnostic bactériologique. J'ai aussi décrit les milieux du microbe du rouget du porc, du pneumocoque, du staphylocoque, du streptocoque, du vibrion butyrique, et ainsi de suite.

— Où allez-vous donc chercher tous ces germes ? demande la voyageuse, un peu horrifiée.

— À l'hôpital, bien sûr ! On y trouve une source presque inépuisable de microbes, étant donné que les médecins ont bien du mal à faire respecter les mesures d'hygiène... Je vais vous raconter une anecdote particulièrement édifiante. Vers la fin des années 1870, j'avais particulièrement étudié la fièvre puerpérale, et l'on en vint, à l'Académie, à parler de cette infection. Un gynécologue, Hervieux, a lu en mai 1879 un rapport hésitant sur les épidémies. Il pensait que les organismes inférieurs – vibrions, bactéries, bâtonnets ou autres corps mouvants – étaient impuissants à expliquer la septicémie qui se déclare chez les femmes après leurs couches. Et il ajoutait : « J'ai une peur terrible dont je ne puis me défendre et que l'Académie comprend : c'est celle de mourir avant qu'on ait découvert ce vibrion-là. » Il parlait de miasmes. Eh bien, je l'ai interrompu, et je lui ai dit sans quitter ma place : « Ce qui cause l'épidémie, ce n'est rien de tout cela. C'est le médecin et son personnel qui transportent les microbes d'une femme malade à une femme saine. » Puis j'ai gagné le tableau noir et j'ai dessiné un microbe en chaînette, le streptocoque, en lui disant : « Tenez, voici sa figure. » Quelle n'a pas été la stupéfaction de la salle ! Je n'ai pas fait cela au hasard : quelques années auparavant, lors d'une de mes visites à la Pitié avec le chirurgien Vulpian, j'avais eu l'occasion d'examiner une femme qui allait mourir de cette infection. Dans le sang et le pus que j'avais prélevés, j'avais décelé ce germe que j'ai par ailleurs retrouvé à de multiples reprises dans divers abcès. J'ai déclenché, lors de mon intervention à l'académie, un sacré charivari.

— On dirait presque que cela vous amuse, commente le barbichu, réprobateur.

— Ah ah ! Je ne répugne pas à donner quelques coups de pied dans la fourmilière. Pour clore cette anecdote, je dois dire qu'Hervieux n'était pas un de ces mandarins bornés comme beaucoup le sont ; il savait écouter. Le lendemain, il m'a ouvert les portes de son service à Lariboisière, et c'est ainsi que j'ai pu mettre au point les premières cultures bactériennes à partir des prélèvements de sang que j'y ai effectués. Cela fit tache d'huile : on m'a rapidement invité dans d'autres services, et j'ai ainsi pu faire des prélèvements dans les maternités de Necker et de Cochin. Les jeunes internes me communiquaient les observations et me faisaient parvenir des prélèvements pour lesquels ils me demandaient un examen, qui fut appelé hémoculture. Il fut bientôt évident que mon procédé de culture permettait un diagnostic rapide et un pronostic sûr. Mais on parlait beaucoup plus de mon procédé de culture dans les couloirs des hôpitaux que dans la salle des pas perdus de l'Académie. J'ai dû batailler pour imposer la méthode. Je me disais qu'il fallait coûte que coûte que ces médecins viennent à comprendre le rôle des microbes.

— Et alors ? interroge Joséphine.

— Oh, ce fut très long. Souvent mal compris. Ainsi, tenez. Il y a cinq ans encore, je me suis rendu chez mon confrère Alfred Richet pour un prélèvement. J'ai soigneusement flambé la pipette à la lampe à alcool. Richet a décidé de faire pareil ; il a flambé son bistouri et l'a laissé refroidir. Mais, croyez-moi ou non, avant de s'en servir, d'un geste qui lui était familier, il l'a essuyé deux fois sur son tablier crasseux !

— Les mauvaises habitudes ont la vie dure, se lamente Marie.

— Dites-moi, Monsieur Pasteur, relance le barbichu qui, ne voulant pas être en reste, cherche à se faire valoir par une question insidieuse. Je ne suis pas sûr que la découverte de tant de microbes apporte la démonstration de leur rôle. Comment a-t-on prouvé que les germes apportent les maladies ? Est-ce vous qui avez entrepris de telles expériences ?

— Bien sûr, répond Pasteur, et je vais même vous décrire la première démonstration scientifique évaluée et reconnue comme telle.

Celle-ci allait se faire à propos de l'anthrax, qui cause la mort du bétail. Cette maladie, décrite dès l'Antiquité, est souvent mortelle chez le mouton, qui succombe en quelques heures après l'apparition des premiers symptômes. Si l'on plonge un couteau dans le cadavre encore chaud, il en sort un sang épais, visqueux et noirâtre, d'où le nom de « charbon » donné à la maladie. De nombreuses expériences, dont le principal défaut était de n'avoir su emporter de conclusions admises par tous, avaient été menées avant que Pasteur ne se penche sur la question.

Au début des années 1850 notamment, Casimir Davaine fut l'un des premiers à observer des micro-organismes en forme de bâtonnets dans le sang des animaux tués, mais n'alla pas plus loin. En 1863, un médecin de Dourdan, voisin d'un fermier qui avait perdu en huit jours douze moutons à cause de cette maladie, lui expédia un échantillon de sang prélevé sur un des cadavres. L'examen microscopique effectué par Davaine lui révéla une fois encore des bactéries, qu'il supposa alors être spécifiques du charbon. Inoculant le sang des cadavres à des lapins, Davaine les vit effectivement mourir rapidement. Mais l'hypothèse de Davaine ne fit pas l'unanimité, car le sang pouvait aussi compter d'autres éléments que les bactéries du charbon. En particulier, deux professeurs du Val-de-Grâce, répétant l'expérience non plus à partir de moutons infectés mais de vaches, n'avaient pas observé la moindre bactérie dans le sang des cadavres ; ils avaient donc conclu que la bactérie était un épiphénomène. Tout au plus avait-on admis que ce résultat pouvait s'expliquer par le fait qu'il s'agissait d'espèces animales différentes. On était resté ainsi sans conclusion.

Une quinzaine d'années plus tard, un jeune médecin de Hanovre, Robert Koch – qui se couvrit ensuite de gloire en découvrant le bacille de la tuberculose, en 1882, et le vibrion du choléra un an après –, eut l'idée de rechercher un milieu de culture adéquat pour les bactéries du charbon. Il préleva quelques gouttes de l'humeur aqueuse dans l'œil d'un bœuf et d'un lapin, et observa leur prolifération au microscope quelques heures plus tard. Mieux, il remarqua que les bactéries du charbon sont capables de sporuler, c'est-à-dire de produire une forme résistante, à paroi épaisse, capable de survivre à des conditions défavorables pendant plusieurs années et de reprendre vie plus tard. Après l'inoculation de tels microbes, sporulés ou non, un cochon d'Inde contractait la maladie du charbon. Mais le physiologiste français Paul Bert fit rebondir la contradiction. Début 1877, il annonça qu'il est possible de faire périr le bacille dans une goutte de sang au moyen d'oxygène comprimé, mais que la maladie se déclarait toujours si on l'inoculait par la suite. La maladie et la mort pouvaient-elles donc survenir sans que le microbe ne se montre ?

— Je suis entré en lice cette même année suite à l'expérience de Paul Bert, raconte Pasteur à l'assistance. Il s'agissait d'apporter des arguments convaincants pour admettre qu'une maladie infectieuse, en l'occurrence le charbon, est bien due au microbe. Le problème était de montrer avec certitude le rôle de la bactérie, puis d'éliminer toute influence délétère qui puisse être reliée au sang, au sérum ou même à d'autres micro-organismes.

Pasteur avait remarqué qu'un germe, même très dilué, se multiplie suffisamment s'il est mis dans un environnement favorable : un milieu de culture adapté, placé dans une étuve à 37 degrés. Pour démontrer que la bactérie transmettait la maladie, raisonna Pasteur, il suffisait donc de diluer une goutte de sang charbonneux tout en y favorisant la prolifération microbienne. À l'aide d'un vétérinaire de Chartres, il se procura un échantillon de sang d'un animal récemment mort du charbon. Une goutte fut diluée dans un milieu propice, l'urine. Après un temps de culture qui laissait au germe le temps de se reproduire, Pasteur préleva une goutte du mélange et réitéra le procédé une dizaine de fois, prenant le temps entre chaque dilution de remettre le prélèvement à l'étuve, de manière à laisser les bactéries se multiplier. Il ne restait plus qu'à injecter à un lapin une goutte du produit résultant de la dernière dilution, qui contenait ainsi un grand nombre de bactéries et une infime quantité du sang d'origine. Le résultat ne souffrait pas de contradiction : cette inoculation tuait aussi sûrement que le sang charbonneux. Le plasma sanguin était si dilué qu'il ne pouvait en être tenu pour responsable ; la maladie était bien transmise par les bactéries.

— Il restait à expliquer les expériences contradictoires menées sur les vaches au Val-de-Grâce et celles avec l'oxygène comprimé, ajoute Pasteur. J'ai réussi à montrer que les décès étaient dus au pouvoir mortel d'une autre bactérie liée à la putréfaction des cadavres. Celle-ci, une bactérie dite anaérobie, échappait à l'examen microscopique et se reproduisait sans air ; elle survit à l'air comprimé, qui ne peut la tuer. Ce n'était donc pas le charbon qui avait tué les vaches et cochons d'Inde, mais un « vibrion septique », comme je l'ai appelé ! Ce fut la première démonstration scientifique du rôle des germes évaluée et reconnue comme telle, non seulement par moi, mais aussi par toute la communauté scientifique. Quand je parle de la communauté scientifique, je dois admettre que, pour nombre de médecins qui considèrent leur pratique comme un art et non une science, mes résultats n'ont pas encore la portée méritée. Mais les convaincre ne me rebute pas, bien au contraire.

L'explication semble avoir au moins convaincu l'assistance, lorsque Pasteur sursaute…

13 heures

— J'espère que votre fermier est un homme prudent, s'écrie Pasteur, pointant du doigt le pot de fleurs que Joséphine a posé à ses pieds.

— Que voulez-vous dire ? s'étonne-t-elle.

— Il me semblait apercevoir un lombric.

— Quand bien même un de ces malheureux animaux aurait été mêlé à la mise en pot et serait resté en terre, en quoi pourrait-il gêner ? s'enquiert le sénateur, peu impressionné par la menace associée à un ver de terre.

— Louis voit des microbes partout, s'excuse Marie.

— Non, pas partout, insiste Pasteur, mais il faut que vous sachiez que ces invertébrés peuvent être vecteurs de maladies.

— Je suspecte qu'il y a là-dessous une autre de vos découvertes, soupire Joséphine.

— Hé hé ! Bien évidemment, confirme Pasteur en lui faisant un clin d'œil.

Pasteur se lance dans un récit qui, au fur et à mesure de sa progression, soulève quelques cris d'étonnement de la part des différents voyageurs. Car le compartiment en entier se met à écouter, avec la plus grande attention, les curieux détails d'une enquête digne de Sherlock Holmes.

Avec ses expériences et sa mise au point des milieux de culture, Pasteur est rapidement devenu un spécialiste de la maladie du charbon. L'été 1878, l'occasion lui fut offerte de tirer profit de son expertise. Le ministère de l'Agriculture le chargeait d'une nouvelle mission : il s'agissait d'enquêter auprès des éleveurs de bétail afin de découvrir comment les troupeaux étaient infectés.

— Il y avait là, mesdames et messieurs, une nouvelle énigme. Quelle était la source de la contagion ? À ce sujet circulaient des hypothèses discordantes : une alimentation avariée, une aération défectueuse des fermes, des miasmes des basses terres humides... et même des histoires de sorcellerie plus farfelues les unes que les autres. De tout ce fatras ne ressortait qu'une seule et vague recommandation : lorsqu'un animal était frappé, tout le troupeau devait changer de pacage, sous peine de mort ! Comme si le terrain était maudit...

Reconnaissant le problème, Pasteur, pour le résoudre, partit de deux faits. D'une part, la maladie était transmise par une bactérie observable dans le sang des animaux touchés ; d'autre part, elle se déclarait sur des zones de pâture bien précises. Il lui fallait ainsi prouver que la maladie se développe et s'entretient par des foyers de contagion où le microbe prolifère. Assez vite, Pasteur suspecta que la spore peut se trouver mêlée à la terre et ainsi infecter le bétail qui paît. Cela s'explique d'autant mieux que les cadavres d'animaux sont le plus souvent enterrés à l'emplacement même où ils ont péri, c'est-à-dire dans la zone de pâturage. Ce seul fait pouvait suffire à expliquer la contagion... mais c'était là une simple hypothèse.

— En août 1878, j'ai ainsi engagé une campagne d'études sur la maladie du charbon. J'ai établi mon quartier général près de Chartres, dans la ferme de Saint-Germain, avec mes collaborateurs. Je ne résidais pas moi-même en permanence là-bas. Les jours où je venais, je déjeunais sur le pouce à l'hôtel le plus proche et, sans perdre plus de temps, je me rendais dans la ferme où un agriculteur avait mis un entrepôt à notre disposition. J'ai passé un temps infini près du parc, immobile près des barrières, à regarder les lots en expérience. Des heures durant, j'ai suivi des yeux tel ou tel mouton que je croyais malade. Car l'expérience consistait à infester les moutons en les nourrissant de luzerne inondée de bouillon de culture microbienne.

— Et alors ? Qu'avez-vous découvert ? demande Arthur.

— À ce stade, rien du tout ! Cette première expérience de repas contagieux fut peu concluante, et les moutons ne semblaient pas décidés à mourir. J'ai alors eu l'intuition que, si les germes ne pénétraient pas dans l'organisme, c'est parce que l'herbe était trop tendre. Pour permettre l'inoculation de la bactérie tout en restant proche des conditions normales observées dans les champs, il s'agissait donc de favoriser la pénétration du germe par une nourriture susceptible de provoquer des excoriations dans le palais ou le pharynx. On compliqua donc les repas en ajoutant dans les mangeoires des feuilles piquantes et coupantes, des chardons et des barbes d'épis d'orge. En parallèle, on parqua les moutons dans les champs où l'herbe était dure et coupante. Dans ces conditions, les animaux s'infectaient, et l'autopsie montra que les animaux étaient bien morts de lésions typiques de la maladie du charbon. Il était possible de conclure, dès lors, que la maladie se déclarait quand le mouton se blessait l'arrière-gorge et avalait une herbe contaminée.

— Pauvres bêtes ! se lamente la voyageuse.

Pasteur hausse les épaules.

— Il restait cependant à comprendre comment se propageait la maladie. Dans le département d'Eure-et-Loir avaient été creusées de nombreuses fosses communes où étaient entassées les dépouilles des animaux morts du charbon, et les spores du bacille pullulaient dans le sol ; si bien que la moindre blessure, insignifiante d'ordinaire, risquait d'entraîner la maladie ou la mort. D'où les premières précautions édictées aux fermiers : écarter le bétail des plantes coupantes telles que les chardons, les barbes d'avoine et les pailles rugueuses, et s'éloigner des zones où les cadavres sont enfouis.

Les champs n'étaient donc pas une terre maudite ; il suffisait de comprendre le risque. Pasteur triomphait ainsi des rumeurs superstitieuses et fondait les principes de l'écologie rurale. L'explication était simple : le territoire était pollué par des bactéries.

— Bravo ! clame l'assistance.

— Je vous remercie. Mais il restait une question d'importance, ajoute Pasteur en prenant un air mystérieux. Comment les germes du charbon remontent-ils à la surface, alors que les bêtes mortes sont très profondément enfouies dans la terre ?

— Par des vapeurs ? tente un voyageur. Lorsque les bêtes arrachent l'herbe ?

— Pas du tout !

Un été de 1878 où Pasteur revint à la ferme près d'Orléans, il entrevit une explication. Dans un champ récemment moissonné, il remarqua un emplacement noirâtre dont la teinte différait des terres voisines. Il interrogea le propriétaire, qui lui indiqua que des moutons charbonneux avaient été enterrés à cet endroit. En s'approchant de la zone, Pasteur remarqua des petites mottes de terre caractéristiques, correspondant aux tortillons que les vers déposent sur le sol quand ils expulsent la terre de leurs galeries. Immédiatement, il eut l'intuition d'avoir trouvé le chaînon manquant à la transmission du charbon : creusant leurs galeries souterraines, les vers de terre fouillaient le voisinage des fosses, absorbaient les spores et, quand ils remontaient à l'air libre, véhiculaient les bactéries à la surface des prés.

Impatient de soumettre son hypothèse à l'expérience, Pasteur fit recueillir les lombrics à la surface d'anciennes fosses. Il rapporta les vers à son laboratoire, les disséqua et récupéra la terre qui remplissait leur canal intestinal. Au simple microscope, il mit en évidence les spores charbonneuses. Tout était clair : les vers de terre n'étaient que des hôtes de passage pour le bacille, qu'ils acheminaient depuis les cadavres jusqu'à la luzerne et au chardon des pâturages. Les herbes et épis tranchants faisaient le reste.

Pasteur fut ainsi le premier à montrer le rôle essentiel du vecteur animal dans la propagation des maladies. Entre le réservoir et la cible, homme ou animal, les germes sont véhiculés par nombre d'intermédiaires, insectes, arthropodes ou autres.

Dans le train, Pasteur est venu à bout de sa démonstration et en profite pour disserter sur les épidémies.

— Voilà pourquoi, Madame, je me suis inquiété de la présence de ce lombric. J'imagine bien volontiers que votre pot de fleurs contient une terre indemne de spores charbonneuses, car vous ne l'avez vraisemblablement pas prise au-dessus d'une fosse à bétail mort de cette infection. Mais ne croyez pas que ce que vous véhiculez est dénué de germes. Vous en transportez sans doute toute une ménagerie... Qui nous dit qu'ils ne trouveront pas à Paris un environnement qui leur sera plus favorable et nous mettra à risque d'infections ? Peut-être même est-ce ainsi que se propagent nos épidémies. Aucun déplacement de cette nature n'est sans risque. Vous verrez : je suis sûr que s'établiront dans le futur de nouvelles mesures douanières, non seulement pour les hommes, mais pour les animaux et tout milieu ou produit capable de transporter les microbes.

— C'est épouvantable, ce que vous me dites là. Devrais-je me débarrasser de mon pot de fleurs ? s'inquiète Joséphine en regardant la plante avec suspicion.

Marie se tourne vers Pasteur.

— Tu ne vas pas contraindre cette dame si aimable à écarter le présent qu'on lui a offert, car c'en est visiblement un.

— Non, sans doute, bougonne Pasteur, et il est vrai que je transporte moi-même du vin dont je ne peux dire qu'il est indemne de microbes vivants qui pourraient être dangereux, mais au moins il est bouché. Tout est à risque.

— Mon Dieu, vous me rendez folle, je vais voir des germes partout, s'exclame Joséphine. Bien heureusement, mon fils et moi ne sommes pas tombés malades à la campagne ; nous ne rapporterons pas de microbes à Paris.

— Détrompez-vous !

— Comment cela ? Vous n'allez pas me dire que, sans le savoir, je peux véhiculer des microbes qui pourraient être mortels, tel le ver de terre ?

— Vous aurez sans doute du mal à me croire, mais les résultats d'expérience sont sans appel : on peut porter des germes sans être malade.

Pasteur décrit alors comment il a été le premier à démontrer, en 1877, qu'il existe des porteurs sains, chez lesquels une simple modification de l'environnement est susceptible de déclencher des symptômes et la maladie. À l'Académie de médecine, cette idée avait rencontré de fortes résistances, notamment de la part de Gabriel Colin. Ce professeur de l'École vétérinaire de Maisons-Alfort mettait en doute plus largement les théories pastoriennes : il ne croyait pas que le charbon soit dû à un bacille, et il supposait l'existence d'un autre agent virulent, qu'il se trouvait cependant incapable de mettre en évidence.

En fait, Colin ne croyait ni aux expériences de dilution de Pasteur ni à celles de filtration, car il pensait qu'elles pouvaient altérer les microbes. Lors des sessions de l'Académie, de sa voix monocorde et lente, il exprimait à l'envi ses doutes, qui s'appuyaient sur des bases fragiles ; mais il parlait tant que nombre d'académiciens finissaient par lui prêter attention et prendre ses arguments en considération. Pasteur avait beau rappeler qu'il fallait attendre la prolifération pour observer des bactéries, et qu'il était quasi impossible de les reconnaître au sein d'une goutte de sang, on avait du mal à le croire. Il en était de même pour une maladie ; Colin, comme beaucoup d'autres, refusait d'admettre qu'il fallait un temps d'incubation pour que celle-ci se déclare, et qu'elle puisse être à la fois réelle et inapparente.

Pasteur était excédé par ces débats contradictoires et tançait vertement ses collègues. La querelle se poursuivait parfois sur des terrains où le ridicule n'était pas absent... Un jour où il était question de la maladie du charbon, Pasteur avait affirmé que les poules ne pouvaient en mourir dans des conditions normales. Immédiatement, par esprit de contradiction, Colin prétendit le contraire. Pasteur lui écrivit donc pour lui proposer un bouillon de culture bactérienne et suggérer de l'inoculer à des poules saines ; il serait très heureux, dit-il, d'examiner les éventuels cadavres. Colin s'empressa d'accepter.

Quand ils se rencontrèrent, une semaine plus tard, Pasteur demanda avec ironie des nouvelles des poules. Colin répliqua que les animaux n'étaient pas encore morts, mais que ce serait chose faite dans quelques jours. L'affaire traîna si bien qu'il fallut attendre la rentrée des vacances académiques pour que Pasteur, qui refusait de lâcher prise, interrogeât à nouveau son collègue. Colin, penaud, lui avoua qu'il s'était trompé, et que le charbon, effectivement, ne parvenait pas à tuer les poules. Les pauvres bêtes n'étaient pas mortes, du moins pas de maladie, car un chien avait profité de l'ouverture des cages pour les dévorer.

« Eh bien, répliqua Pasteur, si cela est bien le cas ordinaire, je vais vous prouver que certaines occasions peuvent provoquer le cas contraire et que tout est une question de conditions, c'est-à-dire d'environnement. » Le mardi suivant, le 19 mars 1878, il quitta la rue d'Ulm en redingote et haut de forme, une cage à la main. Cette cage renfermait trois poules, et il la déposa fièrement sur le bureau présidentiel en pleine séance de l'Académie. La première poule, bien vivante, n'avait pas été inoculée. La seconde, également vivante, avait bien reçu le bacille et n'en était pas morte. La troisième, qui l'avait reçu, l'était cependant. Pasteur expliqua que cette dernière avait été plongée dans l'eau froide pour abaisser sa température, et que cette circonstance bien particulière avait permis au bacille de se multiplier. C'est ce qu'on observe l'hiver, quand on attrape un bon rhume après un coup de froid.

Car, s'il est exact que les poules sont ordinairement réfractaires à la maladie, Pasteur avait émis l'hypothèse qu'elles pouvaient être porteuses saines, et que quelque chose les protégeait de la maladie. Il avait alors l'idée qu'une certaine immunité contrôlait les microbes, et que celle-ci s'abaissait en diminuant la température du corps. La première poule qui servait de contrôle avait été plongée dans l'eau froide sans être inoculée. Il restait une dernière expérience que, faute d'une séance de nuit à l'Académie, Pasteur effectua dans son laboratoire : plonger une poule dans un bain froid, l'inoculer, puis la retirer du bain et la réchauffer avant que le mal entraîne la mort ! L'issue fut conforme à l'hypothèse : la poule guérit. Colin exigea cependant une autopsie pour vérifier que les poules étaient bien mortes de la bactérie du charbon. Pasteur accepta, à condition que l'autopsie soit faite devant une commission scientifique dont Colin ferait partie, pour consigner les conclusions expérimentales dans un procès-verbal.

La commission se réunit les jours suivants pour examiner trois poules mortes qui avaient reçu des doses de bactéries après avoir été plongées dans des bains froids. Les expérimentateurs, manches retroussées, purent constater, lors de la dissection, la prolifération de bactéries du charbon dans une sérosité au niveau du point d'inoculation. Colin s'avoua vaincu. Pasteur, peu modeste dans la victoire, enfonça le clou : le tort de son adversaire, insinua-t-il, était de ne pas s'enquérir auprès de lui de la cause de ses insuccès...

Cette histoire enchante l'auditoire du wagon. Mais Pasteur ne souhaite pas qu'on s'en tienne à l'anecdote, même s'il ne dédaigne pas de devoir son succès au fait d'avoir égratigné un de ses détracteurs. Il veut surtout qu'on en retienne les leçons : un agent pathogène peut être présent dans un organisme sans que l'infection ne se déclare.

Pendant ces récits que Pasteur, en scientifique bon conteur, a distillés à ses compagnons de wagon comme autant d'aventures, le train a poursuivi sa route en lâchant une fumée noire. À présent, les voyageurs se figent dans un respect muet, méditant cet afflux de nouveautés. La femme et son fils, en une sorte de mimétisme, écarquillent les yeux ; le barbichu fait mine de fixer un point lointain devant lui, comme s'il était plongé dans des réflexions abyssales ; quant au sénateur, il est sans doute le seul à avoir l'air de celui qui a tout compris, mais, au fond de lui, il sait qu'il n'en est rien. Seule Marie, qui a l'habitude des démonstrations de son bonhomme de mari, est sereine.

Les voyageurs se restaurent de quelques sandwiches, puis se plongent dans leurs pensées. Quelque temps plus tard, le sifflet de la locomotive annonce l'arrivée à Paris.

14 heures

Plusieurs grincements de frein ponctuent l'entrée en gare de l'Est, dans la travée qui accueille l'express de Dole. Chacun se lève. Le sénateur, pressé, quitte son siège avec un dernier salut et s'engouffre dans le couloir. Pasteur et Marie lui font suite, après avoir pris congé de chacun. L'un et l'autre s'acheminent vers le guichet.

— Bonjour, Eugène ! salue Pasteur en s'approchant d'un personnage qui attend le couple, casquette à la main.

Eugène Viala avait douze ans quand Pasteur, qui connaît sa famille, l'a fait venir d'Arbois pour l'employer dans son laboratoire de la rue d'Ulm. Viala ne savait alors ni lire ni écrire. Pasteur a pris en main l'instruction du jeune garçon, a corrigé chaque soir ses devoirs de la journée. Depuis, il est devenu son garçon de laboratoire et assure de menus travaux lorsque c'est nécessaire.

— La voiture est garée dans la cour, annonce Eugène, qui prend prestement la valise des mains de Marie et attrape le portoir à bouteilles.

Le petit groupe gagne le véhicule mis à disposition par l'École, une De Dion-Bouton, en pressant le pas. Pasteur s'enquiert des derniers événements qui se sont produits au laboratoire, non sans laisser entendre qu'il verra tout par lui-même dès son arrivée.

La traversée de Paris pour gagner la rue d'Ulm se fait sans encombre. L'équipage croise un escadron de la garde républicaine ; il y a peu de voitures, calèches, fiacres ou automobiles à cette heure du jour, et ils aperçoivent quelques vélocipèdes que Peugeot a récemment lancés. Il a plu, et le sol mouillé de Paris renvoie l'éclairage du jour. Pasteur retrouve la clameur de la ville qui lui est à présent familière, une sorte de bruit de fond qui sans doute accumule les pas des chevaux, les pétarades des voitures, les sons assourdis des passants et ceux des artisans à l'œuvre.

Viala apprend à Pasteur les nouvelles récentes du monde. Paris se remet mal de la mort de Victor Hugo, qui pourtant date de mai dernier. Les journaux bruissent encore des suites de la chute du gouvernement de Jules Ferry, tombé fin mars suite aux événements du Tonkin. Le président du Conseil avait été désavoué dans une tempête d'imprécations et d'insultes proférées par ses adversaires, dirigés par Georges Clemenceau. Suite à cette cabale, l'Assemblée avait voté le refus de renforcer le corps expéditionnaire après la défaite de Lang Son, lors de la guerre franco-chinoise, mettant un coup d'arrêt à la politique coloniale conquérante de la France. Pasteur écoute, en ponctuant de temps à autre d'une remarque ces nouvelles que le séjour à Arbois lui a épargnées.

Ils arrivent enfin rue d'Ulm. Louis et Marie rejoignent le petit appartement qui leur est octroyé par l'École. Pasteur, à peine ses bagages posés, gagne son lieu de prédilection : le laboratoire. L'équipe l'y attend au complet ; elle comprend, outre les garçons de laboratoire, Jean Arconi et Eugène Viala, plusieurs préparateurs. De lourdes responsabilités pèsent sur les épaules de ces derniers. Ils n'ont pas seulement pour tâche d'alimenter les cultures de microbes, mais surveillent le déroulement des expériences.

Pasteur les a formés en fonction de ce qu'il attend d'eux : un résultat. À ses yeux, il n'y a pas d'expérience impossible *a priori* et, quand on lui objecte les difficultés d'une manipulation, il grommelle habituellement : « C'est votre affaire, arrangez-vous comme vous voudrez, pourvu qu'elle soit faite et bien faite. » Presque tous les préparateurs sont issus de l'École normale supérieure ; ils retournent à l'enseignement après leur stage dans le laboratoire. C'est un ancien condisciple de Pasteur, Pierre Augustin Bertin, qui les sélectionne. Professeur de physique et sous-directeur de la rue d'Ulm, où il a remplacé Pasteur après sa retraite, Bertin choisit les candidats parmi ses propres élèves, pour la plupart des physiciens. Proche de Pasteur, il a pris l'habitude, le soir après dîner, de monter chez le savant et de discuter des expériences en cours et de la qualité des postulants. Le laboratoire a ainsi vu se succéder plusieurs générations de préparateurs.

Jules Raulin, désormais professeur de chimie industrielle à Lyon, est de ceux qui ont appartenu à la première génération, celle des préparateurs de la chimie fermentative. Avec ses travaux sur la culture d'un champignon microscopique, *Aspergillus niger*, il a inscrit son nom dans l'histoire des sciences comme inventeur d'un nouveau bouillon. Ce fut un des élèves préférés de Pasteur. Charles Chamberland, de la dernière génération, a remplacé Jules Joubert, qui s'était distingué en testant l'action de la chaleur et de l'acidité du milieu sur les microbes. Chamberland, qui est de ceux qui attendent Pasteur ce jour-là, avait vingt-sept ans lorsqu'il est entré au laboratoire. Ses origines jurassiennes lui ont attiré la sympathie de Pasteur. Il est le fils d'un instituteur de Chilly, un vignoble près de Lons-le-Saunier. Gai et bon vivant, cet agrégé de physique a un esprit ingénieux et aime l'innovation technique. On lui doit l'invention d'un four pour stériliser la verrerie, puis d'un autoclave.

Mais, parmi les collaborateurs, trois qui attendent l'arrivée du maître ont un rôle privilégié : Émile Duclaux, Émile Roux et Adrien Loir. Duclaux est arrivé au laboratoire il y a plus de vingt ans, en 1862. C'était l'époque où la querelle des générations spontanées battait son plein. Il avait quitté Paris pour Tours, puis, après qu'un professeur de physique irascible avait giflé le doyen de la faculté des sciences de Lyon, il en avait occupé la place vacante en 1873. Il avait conservé ce poste jusqu'en 1878, date à laquelle il retourna à Paris comme titulaire de la chaire de chimie biologique. Il s'y intéresse depuis à la fermentation du lait et à la fabrication du fromage, et fréquente régulièrement le laboratoire de la rue d'Ulm, dont il est le véritable responsable technique. Il s'y trouve ce jour-là. Très ordonné, il a pour habitude de vérifier que tout est en place et qu'aucun objet ne traîne qui ne soit nécessaire à l'expérience en cours. Pasteur est très sensible à ce qu'il dit et subit son ascendant.

L'influence de Duclaux est toute autre que celle de Roux. Le premier le stimule au travail, le second le freine. Car Roux, au sein de cette petite équipe, est le disciple de Pasteur qui le contredit le plus. Les choses ont mal commencé dès sa première apparition au laboratoire, en 1878. Cette année-là, Pasteur s'était rendu compte qu'il était nécessaire d'engager un préparateur compétent dans le domaine biomédical. Un jour, alors que Chamberland s'apprêtait à faire une injection à un animal avec une seringue mal préparée, Pasteur l'avait arrêté dans son geste et lui avait demandé sèchement : « Savez-vous faire une injection ? ». Devant la réponse embarrassée de son collaborateur, le maître se décida à recruter un jeune étudiant en médecine présenté quelque temps auparavant par Duclaux.

C'est ainsi que Roux, qui suivait régulièrement les débats de l'Académie de médecine et admirait Pasteur depuis longtemps, fut appelé rue d'Ulm. Mais, quand il se présenta au laboratoire, il était près de midi, et Pasteur était déjà remonté déjeuner dans son appartement.

Comme Roux ne pouvait revenir plus tard, il fit l'injection sans attendre. C'était un beau début ! Pasteur fut consterné d'apprendre qu'on avait osé faire quelque chose sans lui, et qu'un médecin, pas même normalien, ait pénétré en son absence dans le laboratoire. Mais les suites de l'expérience montrèrent que le jeune étudiant savait ce qu'il faisait et, puisqu'il était nécessaire d'engager un préparateur compétent dans le domaine biomédical, ce fut lui que Pasteur choisit.

Une relation complexe s'est développée. Parfois Roux n'hésite pas à s'opposer au maître, malgré le respect de la hiérarchie et les trente ans d'âge qui les séparent. Quand Pasteur tient un résultat et en bâtit une théorie qu'il expose, Roux ne manque jamais d'en rechercher la faille, ce qui devient une manie agaçante. « Comme ce Roux est désagréable », gémit parfois Pasteur ; « il vous arrêterait dans tout ce qu'on voudrait réaliser ».

Le caractère de Roux est assez particulier. Il a compris que le calme et la concentration sont les maîtres mots du laboratoire, et, s'il critique souvent les méthodes de Pasteur, cela ne l'empêche pas de veiller perpétuellement au silence et de servir de filtre entre le savant et le monde extérieur. Il peut ainsi en profiter pour maintenir à distance ses rivaux potentiels et à l'occasion se débarrasser d'eux. Ainsi, il vit d'un mauvais œil l'arrivée d'un jeune interne des hôpitaux, Robert Wurtz, le fils d'un chimiste réputé, qui avait obtenu un stage auprès de Pasteur. Jugeant son assiduité insuffisante, il s'en plaignit auprès du maître, en insinuant que les médecins sont incapables de travailler car ils ont trop de choses à faire... Chassé presque sur l'heure, Wurtz repartit en fiacre avec ses bouillons de culture sur les genoux, apprenant à ses dépens qu'on entre au laboratoire de la rue d'Ulm comme dans un couvent : il faut tout lui sacrifier.

Plus tard, deux autres médecins, Joseph Grancher et Isidore Straus, sont apparus aux côtés de Pasteur, mais ils se cantonnent à travailler dans une annexe au 14, rue Vauquelin, n'étant pas jugé dignes de la rue d'Ulm. Ce petit bâtiment a été construit au début des années 1880, car le laboratoire est devenu vite exigu. Lorsqu'il s'y rend, Pasteur ne manque jamais de s'étonner des deux fauteuils, dont un magnifique rocking-chair que Grancher, qui aime le confort, a installé. Grancher est un jeune pédiatre que Pasteur a accepté, car il a été un temps à la tête d'un laboratoire d'anatomie pathologique, ce qui lui apparaissait apporter du sérieux. Mais cela ne le met pas à l'abri de critiques : comment peut-on trouver le temps de s'asseoir, remarqua un jour le maître, qui, lui, travaille toujours debout ? Pasteur s'en fut alors en haussant les épaules, se rassurant de ne pas laisser travailler rue d'Ulm des apprentis chercheurs qui ont d'aussi mauvaises manières.

Le dernier personnage d'importance de la petite équipe est Adrien Loir. Celui-ci a le redoutable privilège d'être le neveu de Pasteur : son père, professeur de chimie à la faculté des sciences de Lyon, a en effet épousé la sœur cadette de Marie. Après son baccalauréat, Adrien se destinait à Saint-Cyr. Mais, comme Pasteur avait besoin d'un préparateur sur lequel il puisse compter pour accomplir les gestes que son bras handicapé lui interdisait désormais, il lui avait proposé une place en 1882.

Pasteur se comporte souvent de façon autoritaire avec sa famille. Il donne ses directives et a lui-même tracé le plan d'enseignement qu'il voulait voir suivre par ce nouvel élève. C'est ainsi qu'il l'a obligé à apprendre à souffler le verre, à assimiler les bases de la cristallographie et à soigner son écriture en prenant des cours de calligraphie. Adrien lui sert à la fois de secrétaire et de technicien. Une fois son stage terminé, Adrien s'est installé rue d'Ulm, plus exactement dans une chambre au-dessus de l'annexe Vauquelin dont Pasteur a personnellement surveillé l'aménagement. Le savant veut que son neveu dépende entièrement de lui... Il pensa un temps à lui faire apprendre la pharmacie, prétendant que seuls les pharmaciens, à l'exemple de son maître Jean-Baptiste Dumas, étaient capables de faire des bons manipulateurs ; puis il songea à lui faire suivre des cours à l'école vétérinaire d'Alfort. Finalement, ce fut la médecine qu'il choisit pour lui. Adrien Loir est toute la journée à sa disposition.

Toute l'équipe est au travail lorsque Pasteur débarque du train. À l'origine, le laboratoire de la rue d'Ulm était un laboratoire de chimie. Avec le temps, il s'est enrichi d'équipements principalement destinés à la microbiologie. Le microscope y est à présent devenu roi ! L'identification d'un germe sous l'objectif reste délicate, surtout parce qu'on ne dispose pas encore de techniques de coloration. Il faut un œil très entraîné, comme celui de Pasteur, pour reconnaître les différentes souches bactériennes. Le matériel nécessaire à la culture des bactéries n'existait pas lorsque Pasteur a démarré ses recherches : il a fallu l'inventer et se pencher sérieusement sur les modes de stérilisation, puisque le bouillon de culture doit rester stérile avant d'être ensemencé.

Avant l'apparition de l'autoclave mis au point par Chamberland, les milieux étaient préparés dans un récipient à long col effilé au chalumeau, appelé matras. On les emportait ensuite dans la petite annexe rue Vauquelin. Là se trouvaient de grandes bassines d'eau auxquelles on ajoutait du chlorure de calcium pour que la température d'ébullition dépasse 100 degrés. Les matras y étaient ensuite plongés, puis le gaz allumé. Les germes ne survivaient pas à ce séjour dans un bain à haute température. De temps à autre se produisaient des explosions : des bouchons sautaient et le liquide bouillant aspergeait le plafond. On considérait que c'étaient les risques du métier, mais Pasteur avait eu de la chance que ce genre d'incident ne fasse jamais de blessé...

Les matras étaient ensuite rapportés rue d'Ulm, où ils étaient entreposés dans une grande armoire. C'est là que sont désormais réunies toutes les variétés de bouillon que Pasteur invente au fur et à mesure qu'il veut identifier un nouveau germe. Au fil des ans, le nombre de fioles a augmenté à la vitesse de ses préoccupations, faisant côtoyer des bouillons de bœuf, de poule, d'eau de levure, d'eau peptonée... Dans l'armoire, chaque catégorie occupe une étagère particulière ; la composition du milieu est indiquée à l'encre bleue sur une étiquette encastrée dans le bois.

Après avoir salué tout le monde, Pasteur se met au travail : il s'occupe des vins qu'il a rapportés d'Arbois, cherchant à distinguer les levures des autres bactéries potentiellement contaminantes. Pasteur appelle Jean Arconi pour l'aider. Chaque préparateur sait que l'opération doit se faire selon une technique qui a été initiée par le maître lui-même, et dont il ne faut s'écarter sous aucun prétexte.

— Va donc chercher dans l'armoire, sur l'étagère du milieu, un des flacons d'eau de levure prêt à l'emploi, dit Pasteur, et place-le dans la salle des balances.

Et comme Arconi marche un peu lourdement en portant son chargement, Pasteur gronde :

— Tu risques de troubler l'air : avance donc sur la pointe des pieds, beaucoup plus doucement. N'oublie pas que dans une heure exactement, il faudra que tu rentres dans cette salle, sans parler bien sûr, et en faisant le minimum de mouvement. Comme je te l'ai montré, tu prendras un des tubes effilés et stérilisés pour en casser la pointe. Tu le flamberas et le mettras ensuite à plat sur un agitateur, de façon que les bouts ne touchent pas la table. La pointe effilée doit servir à l'ensemencement. Fais très attention à éviter la moindre contamination. N'oublie pas que la salle des balances est une enceinte protégée et ne doit servir qu'à la mise en culture. Et je ne veux surtout pas que des médecins entrent ici ! Ils sont trop maladroits et irrespectueux des techniques de stérilisation.

Et comme Arconi a les yeux dans le vague, Pasteur, le rabrouant, lui demande de répéter les différentes étapes de l'opération.

— Chamberland fait pourtant différemment, objecte Arconi pour éviter d'avoir à répéter les paroles du maître.

— Comment, il ne suit pas mes règles ? bondit Pasteur.

— Pas entièrement : il a mis au point une astuce expérimentale pour que les milieux de culture restent stériles. Cela semble même marcher mieux, ajoute imprudemment Arconi.

— Et comment procède-t-il donc, Chamberland ? interroge un Pasteur furibond.

— Eh bien, pour cultiver le germe du charbon, il dépose à la surface du bouillon un autre micro-organisme, le *Bacillus subtilis*, répond Arconi piteusement, voyant qu'il dévoile un grave secret d'État.

— C'est invraisemblable ! tonne Pasteur. Je ne puis comprendre qu'il ne m'en ait pas parlé.

Vexé, le savant reste quelque temps silencieux ; il s'interroge sur le principe de la méthode en fronçant les sourcils. Soudain, son visage s'éclaire, et il s'écrie :

— Je comprends : le *Bacillus subtilis,* en faisant son voile à la surface du liquide, absorbe l'oxygène qui aurait pu agir sur la virulence du charbon. Va me chercher mes publications sur le vin.

Arconi se rend dans la pièce adjacente et rapporte un gros volume rouge broché. Pasteur le feuillette et s'arrête sur une page :

— Tout était déjà marqué dans mes publications, dit Pasteur. Lis toi-même ce passage sur *Mycoderma vini*. Chamberland n'a, en fait, rien inventé.

C'est que Pasteur n'aime pas être dépassé par l'imagination de ses élèves ; en ayant le dernier mot, il espère convaincre Arconi, et peut-être se convaincre lui-même, que son assistant n'en a pas la primeur. À ce moment apparaît Chamberland, et Pasteur se précipite à sa rencontre.

— Alors, je viens de m'apercevoir que vous m'avez volé une de mes découvertes !

— Laquelle, Monsieur ?

— Celle qui consiste à capter l'oxygène par un mycoderme, pour permettre une meilleure pousse de la bactérie du charbon.

— Disons, Monsieur, dit Chamberland surpris, que j'ai sans doute redécouvert votre invention. Nos esprits se sont rencontrés sur ce point. Si cela vous choque, je m'en excuse.

— Je comprends ; mais je préférerais, la prochaine fois, que vous m'en fassiez part.

Et comme le jeune chercheur soulève gauchement l'épaule, ce que Pasteur confond un temps pour une marque d'irrespect, il reprend en grondant :

— Qu'avez-vous ? Vous me semblez tout engoncé, avec votre col défait. Vous êtes étrangement peu présentable aujourd'hui.

— C'est-à-dire que je transpire abondamment par cette forte chaleur, répond Chamberland ; et avec mon col empesé, j'hérite de gros furoncles dans le cou.

Après quelques mots de compassion, Pasteur demande à son collaborateur de baisser la tête :

— Vos furoncles m'intéressent. Vous avez pensé au mycoderme, mais vous êtes passé à côté d'une observation qui pourrait être intéressante. Je vais vous faire un prélèvement. Venez.

Il entraîne son collaborateur dans la pièce voisine, saisit une pipette effilée et prélève un peu de la sérosité. Laissant là Chamberland un peu éberlué, il va disperser l'échantillon dans de l'eau de levure et se précipite à son microscope.

— Incroyable, s'exclame-t-il.

— Quoi donc, Monsieur ? s'inquiète Chamberland, encore perturbé de servir de cobaye.

— Je vais vous dessiner ce que je vois, dit Pasteur reproduisant sur le papier l'image qu'il a à l'oculaire de son microscope : des bactéries groupées en amas.

De plus en plus anxieux, Chamberland demande qu'on lui explique ce que ces bactéries en grappe ont de si extraordinaire et laissent présager de l'évolution, peut-être funeste, des furoncles. Tout à l'étonnement de sa découverte, Pasteur compatit assez peu, et cherche surtout à faire partager à Chamberland son observation. Il vient de reconnaître le staphylocoque, le plus fréquent de nos germes pathogènes. Mais, tandis que son jeune collaborateur tente malaisément de refermer son col, voici que Pasteur vient de mettre en évidence un autre phénomène.

Il y a quelque temps, en février 1880, Odilon Lannelongue, un chirurgien réputé pour ses travaux sur une maladie osseuse, l'ostéomyélite, a invité Pasteur à venir observer plusieurs cas à l'hôpital Trousseau. Lannelongue avait bien montré qu'on pouvait guérir de cette maladie par trépanation, lavage et pansement antiseptique. Mais il s'intéressait aux découvertes de

Pasteur, qu'il considérait comme le meilleur spécialiste des pathologies bactériennes. Il lui a ainsi demandé de venir effectuer des prélèvements sur une fillette d'une douzaine d'années, qui souffrait d'un abcès au genou droit. Après avoir pratiqué une longue incision, Pasteur a recueilli du pus qu'il a ensuite rapporté au laboratoire.

Dans un premier temps, l'examen du prélèvement n'a montré qu'un amas confus et indiscernable. Mais, après avoir mis le liquide à l'étuve, quelques heures plus tard, Pasteur a constaté que des microbes ont proliféré. Or, il vient de s'apercevoir que les bactéries qu'il a observées dans le furoncle de Chamberland sont du même type que celles recueillies chez la patiente de l'hôpital Trousseau ! Il découvre que le staphylocoque peut provoquer non seulement des manifestations cutanées, mais aussi osseuses, et que l'ostéomyélite, dont on ignorait la cause jusque-là, résulte d'une infection staphylococcique.

Duclaux passe à ce moment dans le couloir et apprend donc, en même temps que Chamberland, que furoncle et ostéomyélite sont deux infections différentes pour un même germe. Il lève un bras en signe de victoire.

— N'y a-t-il pas une véritable prouesse dans ce rapprochement ? s'exclame-t-il. Assimiler une maladie grave qui se passe dans la profondeur des tissus à une maladie superficielle et en général bénigne, dit-il en se tournant vers Chamberland qui n'en demande pas tant, voilà qui permet de relier la pathologie interne à la pathologie externe. C'est une première victoire du laboratoire sur la clinique !

Plantant là Chamberland qui recherche sur son corps d'autres sujets d'angoisse infectieuse, Pasteur prend le coude de Duclaux et, s'appuyant légèrement sur lui, l'entraîne dans la pièce à côté.

14 heures 30

— Dites-moi, Duclaux, c'est une sacrée découverte, non ?

— Oui, Monsieur, et toutes mes félicitations. Cela mérite une belle et grande publication que vous pourrez envoyer à l'Académie de médecine.

— Vous croyez ? Nous verrons. Et vous Duclaux, de votre côté, où en êtes-vous de vos laitages ? Moi, j'observe les microbes qui nous font du tort, comme ceux des furoncles de Chamberland ; tandis que vous, vous explorez les bienfaits de la nature, à travers ces germes qui nous font du bien.

Nombre de micro-organismes interviennent en effet dans la fabrication de toutes sortes de produits, dont les fromages, la choucroute et le pain. Duclaux étudie ainsi des germes utiles à l'industrie agro-alimentaire, comme l'ont été ceux traqués par Pasteur pour le vin et la bière.

Il donne quelques nouvelles à son patron, puis précise :

— Il y a aussi d'autres recherches vers lesquelles je me dirige, Monsieur, qui semblent ouvrir des champs immenses.

— Lesquelles ?

— Celles qui consistent à étudier l'association des micro-organismes aux plantes. Vous connaissez sûrement les travaux de ce savant suisse, Simon Schwendener, qui a montré en 1867 que le lichen est en fait l'association d'un champignon et d'une algue. L'un ne peut pas vivre sans l'autre ; lorsque l'un est malade ou disparaît, l'autre le suit. Il en est de même pour nombre de plantes : les micro-organismes qui les parasitent sont utiles à la vie de la plante, et même indispensables. Cette interaction des microbes avec le monde végétal me fascine.

— Vous avez tout à fait raison, Duclaux, le sujet est effectivement d'une très grande importance. Il s'agit là de caractériser l'interaction entre deux espèces du monde vivant. De déterminer, en quelque sorte, leurs évolutions conjointes, dont l'une retentit sur l'autre[1].

Pasteur poursuit, sur le ton de la confidence :

---

1. Le mot de « coévolution » sera utilisé pour la première fois en 1964 pour décrire un tel phénomène.

— Et je suis prêt à parier que le sujet nous touche de près. Nous savons que l'homme abrite des micro-organismes, dans le tube digestif notamment. Ce sont des commensaux ; ils prennent une part de la ration alimentaire, mais sont utiles à notre digestion, et peut-être même à notre santé. Eh bien, à mon avis, il ne peut pas y avoir de vie humaine sans les microbes qui la parasitent. Encore faudrait-il le prouver...

L'imagination de Pasteur s'emballe :

— On pourrait peut-être faire des expériences en introduisant des bactéries commensales dans des œufs de poule, qui sont stériles, et voir ce qu'elles deviennent en se chargeant d'une flore supplémentaire ? propose-t-il.

— Il faut que j'y songe, répond Duclaux. Ce pourrait être une manipulation enrichissante pour comprendre la symbiose.

— En ce qui me concerne, regrette Pasteur, j'ai trop à faire avec l'étude des bactéries dangereuses pour l'homme ; ce sera à vous d'explorer les différentes facettes du rôle bénéfique des microbes. Rendez-vous utile de cette façon ; vous savez à quel point j'estime important que nos découvertes servent à l'humanité. C'est un champ magnifique d'investigation. Continuez ! Continuez vite et ardemment, et, bien évidemment, tenez-moi au courant. À bientôt, Duclaux.

Et Pasteur s'éloigne, songeur. Il laisse à Duclaux un pan entier des problématiques auxquelles il associe les microbes. Certains tuent, et les autres nous aident à vivre. Mais comment anticiper leur rôle, néfaste ou utile ? Comment prévoir l'apparition des maladies infectieuses, et jusqu'à quel point les micro-organismes sont-ils utiles à l'homme ? Pasteur est passé d'une thématique à l'autre, mais entrevoit les champs immenses qui restent à couvrir et se désole d'avoir dû opérer des choix dans les objets de ses recherches. Pasteur laisse échapper un soupir à cet instant, comme s'il regrettait de n'être plus assez jeune pour poursuivre toutes les questions que les microbes ont ouvertes autour de lui ; des questions qui, au fur et à mesure qu'elles trouvent une réponse, en posent d'autres, tout aussi passionnantes, et parfois même encore plus cruciales. Mais Pasteur estime qu'il faut savoir se mobiliser immédiatement pour la santé humaine.

Il ne sait pas encore que bientôt, il suivra attentivement les travaux d'Élie Metchnikoff. Ce biologiste et zoologiste russe, qu'il recrutera deux ans plus tard, introduira en effet dans son laboratoire des sujets de recherche d'importance. Dès son arrivée, Metchnikoff lui fera part de son intérêt pour l'étude des interactions entre animaux et micro-organismes, et pourquoi pas chez l'homme. De fait, Metchnikoff fut à l'origine d'une découverte d'un des pans de l'immunité, celle qui dépend de cellules, appelées globules blancs, qui « patrouillent » dans l'organisme pour y repérer les corps étrangers.

Quelques années plus tôt, en 1882, Metchnikoff avait enfoncé une écharde dans une larve d'étoile de mer et en avait observé l'encerclement par des cellules mobiles avant que l'épine ne soit « digérée ». Cette observation avait guidé sa réflexion sur un étrange phénomène cellulaire qui détruit les corps étrangers, dont on apprendra bien plus tard qu'il est responsable de l'effet des vaccins. Il faut en effet que les intrus soient captés par des globules blancs pour permettre la production d'anticorps, des molécules spécialisées dans la reconnaissance de certains pathogènes avant leur destruction, mais dont la production n'est pas immédiate, et que l'on stimule par la vaccination. Lorsque Metchnikoff contactera Pasteur, en 1887, on sera loin d'avoir décrypté le phénomène ; mais, contrairement à Robert Koch, qui trouvera ses idées trop farfelues, Pasteur donnera sa chance au savant russe... Et Metchnikoff poursuivra ses travaux sur les microbes qui vivent dans notre intestin, le fameux microbiote.

Pasteur s'arrête un temps et regarde autour de lui ses collaborateurs au travail, ne pouvant s'empêcher de vérifier si leurs gestes correspondent bien à ses directives. Sont-ils rigoureux, et respectent-ils les mesures de distanciation pour éviter les contaminations ? Pasteur a lui-même pris toutes les précautions requises pour prélever le furoncle de Chamberland. Il sort sa montre de son gousset. Il est près de quinze heures désormais. Il est temps d'aller s'occuper du problème qui lui tient tant à cœur : le vaccin contre la rage. Il appelle son neveu Loir et lui demande d'aller chercher Eugène Viala, qui ne tarde pas à arriver au pas de course.

— J'étais prêt, Monsieur ; je vous attendais pour aller au chenil.

15 heures

Si Pasteur travaille depuis quelque temps sur la rage, c'est qu'il espère la vaincre. Cette maladie contagieuse, qui provoque une inflammation du cerveau, a toujours peuplé l'imaginaire populaire de peurs obscures et démesurées. Enragé, voici qu'un chien de compagnie doux comme un agneau devient soudain une bête baveuse, forcenée et hurlante, qui se jette sur vous. Vous mord-il, et vous voilà à votre tour contaminé : vous devenez agressif et confus, des hallucinations vous prennent ; vous avez peur de l'eau ; vos muscles vous lâchent, vous devenez incapable ou presque de parler ; vous glissez finalement dans un coma mortel. Et à partir du moment où la rage se déclare, la maladie est incurable ! Elle engendre donc les plus grandes frayeurs dans les campagnes et les villes.

La maladie représente également un défi pour l'expérimentateur utilisant des modèles animaux. Pasteur est parti des découvertes de deux scientifiques : Pierre-Victor Galtier, qui a montré que la rage pouvait se transmettre du lapin au chien puis du chien au lapin, et Henri Duboué, un interne des hôpitaux de Paris, qui a décrit la localisation de la maladie dans la substance cérébrale. Un des seuls moyens pour la transmettre consiste donc à faire mordre un animal sain par un animal enragé. Cette méthode n'est cependant pas toujours sûre... Chez le lapin, le cobaye ou le chien, l'incubation est longue. Il faut attendre des semaines entre l'introduction du virus[1] et les premières manifestations rabiques. De plus, la transmission est incertaine ou aléatoire. Mordu ou inoculé, l'animal peut très bien ne pas développer la maladie.

Au printemps 1881, quelques mois seulement après le début de ses recherches, Pasteur communiqua ses premiers résultats, simultanément à

---

1. Le terme vient du latin *virus* qui signifie « poison ». Il est resté sans contenu jusqu'à Pasteur, qui désignait sous ce mot un agent invisible au microscope, donc non bactérien ou parasitaire, capable de transmettre et d'induire une pathologie. Le premier virus, celui de la mosaïque du tabac, fut découvert en 1892 ; celui de la rage en 1903.

l'Académie des sciences et à l'Académie de médecine. Il a en effet mis au point une méthode expérimentale infaillible : l'inoculation directe de la substance cérébrale d'un chien enragé à travers la voûte crânienne d'un autre chien ouverte au trépan, un procédé qu'il doit à Roux. Lorsqu'il est déposé à la surface des méninges, la membrane séreuse qui entoure le cerveau, le tissu nerveux prélevé sur un animal enragé transmet à chaque fois la maladie. De plus, chez l'animal qui a été infecté de cette façon, les premiers signes apparaissent dans des délais raccourcis, et la mort survient en moins d'un mois.

Bien qu'il ait découvert lui-même la méthode, Pasteur hésita cependant à la pratiquer chez le chien. Il jugeait que perforer le crâne de l'animal était un acte terrible. Mais sa sympathie et son apitoiement pour les chiens concernaient essentiellement l'acte chirurgical, et non les symptômes épouvantables qui accompagnaient ensuite le développement de la rage. Ce fut Roux qui, le premier, sut vaincre ses scrupules et montra que la trépanation était bien supportée par les animaux. Ce cap passé, et quand on fut bien sûr que l'expérience donnait des résultats constants, celle-ci fut reproduite en grande série sur de nombreux chiens dans le laboratoire de la rue d'Ulm.

Avoir découvert un moyen de transmettre facilement une telle maladie n'est toutefois pas le but que poursuit Pasteur. Il s'agit avant tout de trouver un vaccin ! En 1880, Pasteur a communiqué à l'Académie de médecine une de ses plus célèbres notes sur la production d'un vaccin par culture atténuée du choléra des poules. En employant le mot « vacciner », du latin *vacca*, « la vache », Pasteur montrait bien ce qu'il doit au médecin anglais Edward Jenner. C'est Jenner qui, le premier, a noté que les vaches atteintes de la *cow pox*, la vaccine, deviennent résistantes à la variole. Plus intéressant encore, il a remarqué que les vachers qui ont trait les vaches atteintes de vaccine se trouvent eux-mêmes protégés de la variole par ce contact. Dès 1876, Jenner imagina les bases de la vaccination antivariolique chez l'homme par inoculation de la vaccine, infection beaucoup moins dangereuse.

Lorsque Pasteur a commencé ses travaux sur la rage, son projet est simple : le procédé doit permettre de prévenir la maladie avant qu'elle ne se déclare, après injection de l'inoculat infectieux. Il ne s'agit pas de prévenir l'infection, mais la maladie qui en résulte. Pour atteindre un tel objectif, l'idée de Pasteur a été de reproduire une méthode qu'il a appliquée avec succès pour d'autres maladies telles que le choléra des poules ou le rouget du porc, des infections pour lesquelles il avait mis au point un vaccin efficace – ce qui est remarquable quand on sait que Pasteur ignore tout de ce qu'est le système immunitaire et de ses capacités de stimulation.

L'invention consiste à augmenter la virulence du microbe jusqu'à son degré maximal, puis à l'atténuer pour qu'il perde sa dangerosité. Il s'agit donc de dissocier le pouvoir vaccinal du pouvoir infectieux. Pour le premier objectif, il faut disposer d'un germe qui soit le plus actif possible ; pour le second, il s'agit de le rendre inoffensif par des procédés physiques ou chimiques. D'où les multiples passages à effectuer d'un animal à l'autre et sur les chiens. Le but est d'obtenir, de passage à passage, un renforcement de la virulence.

— Prends les lapins qui sont dans la pièce à côté, commande Pasteur à Viala, nous avons plusieurs manipulations à faire au chenil. D'abord, rendre ces lapins enragés pour avoir un réservoir de virus autre que les chiens. Ensuite, trépaner deux chiens : l'un pour lui prélever du cerveau infecté, l'autre pour l'inoculer.

Lorsque Pasteur arrive à l'animalerie, la pièce résonne de bruits terribles, et l'atmosphère est chargée d'odeurs mêlant sueurs et urines. Poules, lapins et cobayes côtoient des chiens depuis quelque temps. Ceux qui sont susceptibles de mordre et ceux qui sont mordus remplissent maintenant les pièces d'expérimentations du sous-sol. Un concert d'aboiements et de hurlements y accueille donc les visiteurs. Les animaux sains servent de sujets d'expérience ou de sujets contrôle. Les autres, baveux de rage, servent de réservoir pour le virus. Pasteur s'est adressé à toutes les bonnes volontés pour obtenir de tels animaux ; depuis peu, on ne signale plus un cas de rage à Paris sans qu'il en soit averti. Tel vétérinaire lui télégraphie « caniche et bouledogue en plein accès », et une voiture de la fourrière vient aussitôt chercher les pauvres bêtes pour les mener au laboratoire.

L'animalerie de la rue d'Ulm se remplit de cages diverses. La nuit, des hurlements de chiens enragés emplissent tout le quartier. Les animaux les plus puissants, dogues et bergers allemands, déchiquettent le plancher de lattes de bois, mordent leur niche et tordent les barreaux avec fureur. Litière, excréments et filets de bave parfois sanglante souillent le sol. Entre les soins d'entretien et la surveillance régulière des symptômes rabiques à heure fixe, le travail ne manque pas. C'est maintenant par douzaines qu'on compte les chiens, et les lapins sont plus nombreux encore. D'ailleurs, les animaux réfractaires, ceux qui ne meurent pas, doivent être surveillés pendant des semaines ou même des mois.

— Tends-lui le lapin, dit Pasteur à Viala, montrant un énorme dogue baveux qui hurle derrière les barreaux. Sois prudent.

— Ce chien enragé a l'air terrible. Regardez plutôt.

Viala tend une barre de fer sur laquelle l'animal se précipite et plante les crocs.

— Me voilà bien embarrassé maintenant, ajoute-t-il en peinant à extraire la barre de l'étau de ses mâchoires.

Il réussit finalement à l'arracher à grande force.

— C'est parfait, se réjouit Pasteur, l'enragé m'apparaît au point pour ce que nous en voulons. Tends-lui l'oreille du lapin, maintenant qu'il s'est entraîné sur le métal. Il en aimera d'autant mieux la peau plus tendre.

Viala s'exécute et, tirant l'animal terrifié de son panier, présente, ganté, les deux oreilles de la proie pour que le dogue enragé la contamine.

Il ne faut qu'un coup de dent et quelques millilitres de bave du dogue pour que le lapin soit considéré comme un contaminé possible. Viala l'arrache à son agresseur, puis va le placer dans une cage qu'il a préparée à l'avance, et qu'il s'empresse d'identifier en remplissant à l'encre noire une grossière étiquette.

— C'est chose faite, dit-il à Pasteur, nous avons rempli la première mission. Passons maintenant à la suite.

La suite ne manque pas d'être délicate. Il s'agit de prélever de la substance cérébrale d'un animal enragé qui est le receveur du septième passage, pour l'inoculer – huitième passage – à un nouvel animal encore bien portant. L'opération n'est pas sans risque et s'effectue avec les plus grandes précautions.

Loir est venu aider à l'affaire. Le détail des opérations a été codifié par Pasteur, et cette fois-là, comme pour toutes les autres, nul ne doit déroger à la règle. Le rituel est connu : Loir et Viala se penchent autour de la table où l'on a attaché un grand chien, muscles contractés et crocs découverts. Que la bête, malgré les précautions prises, leur fasse faire un faux mouvement, que l'un d'eux se blesse avec son scalpel, qu'une parcelle de la moelle rabique pénètre dans la blessure, et c'est la perspective de longues semaines d'attente pendant lesquelles le blessé se demandera avec angoisse si la rage va ou non se déclarer. Il y a ce jour-là, comme à chaque séance, un revolver chargé à portée de main.

L'opération se fait en deux temps. D'abord, la moelle rabique est prélevée. Pour cela, la voûte crânienne est décalottée, et le cerveau est mis à nu. Avant de prélever une parcelle du bulbe, on brûle la surface atteinte avec une baguette de verre pour détruire les éventuelles souillures. Puis, avec un tube effilé préalablement flambé, on aspire un peu de substance cérébrale, qui est ensuite délayée dans de l'eau ou du bouillon préalablement stérilisé.

Commence alors le second temps de la manœuvre : la mixture est d'abord aspirée à la seringue de Pravaz, du nom d'un chirurgien orthopédiste français qui a inventé la seringue en verre avec piston. On l'inocule ensuite à un autre chien en bonne santé, préalablement rendormi et maintenu sur la table. Tandis que l'un des deux opérateurs tient l'animal garrotté pour éviter des soubresauts intempestifs, l'autre fait un trou dans son crâne avec une sorte de vilebrequin. L'opérateur porte un grand tablier, changé à chaque intervention, et une calotte sur la tête, afin de respecter au mieux les précautions d'asepsie. Si les mains sont lavées, on ne porte cependant pas de gants. La trépanation effectuée, l'injection est faite rapidement directement dans le cerveau. Il ne reste plus qu'à refermer la plaie sans se faire mordre lors du réveil de l'animal.

— Bon ! dit Pasteur une fois l'inoculation pratiquée ; nous allons maintenant attendre que la rage se déclare. Nous en sommes au huitième passage avec le chien, mais nous avons vu avec les lapins que la durée se raccourcit avec le nombre de passages. Ainsi, au vingt et unième passage, le temps d'incubation est nettement plus bref, de huit jours seulement, ce qui sous-entend que les passages successifs ont bien augmenté la virulence.

Tout en se lavant les mains, Pasteur continue :

— Nous poursuivrons donc cette série d'expériences, qui nous permettra de disposer de la moelle infectieuse comme vaccin, à condition de l'affaiblir.

— Vous êtes sûr, Monsieur, que cette préparation sera efficace ? Si la moelle est affaiblie, peut-elle encore protéger de la maladie ? demande Loir.

— Absolument, Adrien ; nous avons fait plusieurs expériences avec Viala et Chamberland, et le vaccin fonctionne parfaitement.

— C'est-à-dire ? Je ne comprends pas vraiment le procédé. Comment une injection de moelle affaiblie peut-elle suffire ?

— Certes non, il en faut plusieurs. L'effet vient d'une exposition progressive, à l'aide d'injections répétées de moelle de plus en plus virulente. Chaque jour, on inocule sous la peau d'un chien une pleine seringue de Pravaz de bouillon stérilisé dans lequel on a délayé un petit fragment de la moelle affaiblie, en commençant par une moelle d'un numéro d'ordre assez éloignée du jour où l'on opère, pour être bien sûr que celle-ci n'est pas virulente. Les jours suivants, on continue les inoculations avec des moelles plus récentes, jusqu'à ce qu'on arrive à une dernière moelle très virulente, placée depuis un jour ou deux seulement en flacon. Le chien est alors réfractaire à la rage ! On peut lui inoculer du virus rabique sous la peau, ou même à la surface du cerveau par trépanation, sans que la rage ne se déclare. Je suis totalement sûr du procédé. D'ailleurs, comme je l'ai écrit à Jules Vercel, mon vieux compagnon d'Arbois, j'ai même envie de m'exercer sur l'homme, à commencer par moi-même — c'est-à-dire de m'inoculer la rage pour en arrêter ensuite les effets.

— Monsieur, vous n'allez pas faire cela C'est trop dangereux, s'offusque Loir

— J'y songe, Adrien ; je suis persuade de mes résultats, même si on peut encore améliorer le procédé pour affaiblir la virulence

Comment Pasteur procède-t-il pour l'affaiblir ? Dans un premier temps, il s'est servi de l'expérience de Jenner : ce dernier a montré, dans le cas de la *cow pox*, que la virulence d'un germe peut varier selon les espèces dans lesquelles il se développe.

— J'ai usé du même procédé en cultivant la rage, reprend Pasteur, chez diverses espèces animales : le lapin, le singe, le cobaye et même le chien, comme tu le vois. J'ai noté que le passage du chien au singe adoucit le virus et le fixe dans une virulence amoindrie. Mais depuis, je procède différemment. D'ailleurs, il faut que j'aille surveiller mes préparations ; viens, je vais te montrer.

Et Pasteur d'entraîner Viala et Loir à l'étage supérieur, où se passe l'incubation des préparations de moelle qui subissent une diminution de leur virulence. Comme les deux collaborateurs ont laissé Pasteur prendre un peu d'avance, Loir se tourne vers Viala et lui glisse en aparté :

— Ne pose pas trop de questions au patron sur cette nouvelle méthode, car elle doit beaucoup à Roux, et c'est un sujet très sensible entre les deux.

Si Loir s'inquiète, c'est qu'il a assisté à la scène à l'origine de leur différend. Un beau matin qu'il travaillait à des ensemencements, il surprit Pasteur en arrêt dans la salle d'étuve, maintenue à une température de 37 °C pour les cultures. Le savant se tenait devant un flacon de 150 cm^3 avec deux tubulures, l'une inférieure, l'autre supérieure, destinées à établir un courant d'air dans l'intérieur du flacon. Dans ce flacon était suspendu, par un fil, un morceau de moelle de lapin.

Après un moment d'immobilité, Pasteur demanda à Loir : « Qui a mis ce flacon-là ? », ce à quoi son neveu lui répondit : « Ce ne peut être que Monsieur Roux, c'est son casier. » Pasteur prit le flacon et sortit dans le corridor. Il le regarda au grand jour, puis s'empressa d'envoyer Arconi chez le fournisseur de verrerie pour qu'il lui fabrique une douzaine de flacons conçus sur le même principe, mais plus grands. Roux, qui arriva plus tard dans l'après-midi, se rendit compte que Pasteur lui avait soufflé son idée sans lui en parler. En colère, il reprit son chapeau et sortit en claquant la porte avec violence. À partir de ce moment-là, Roux cessa de s'occuper des manipulations sur la rage. Et Loir ne l'a plus jamais entendu dire quoi que ce soit au sujet des flacons...

— Que faites-vous ? appelle soudain Pasteur, remarquant que ses deux collaborateurs conversent à l'arrière. Dépêchez-vous et toi, dit-il à Loir portant un plateau de moelle qu'ils ont prélevé, va donc effectuer l'ensemencement.

— Comment allez-vous pratiquer ? demande ingénument Viala, faisant semblant de n'être au courant de rien.

— La méthode consiste à dessécher l'air dans le flacon qui contient la moelle rabique. C'est là le secret qui permet l'atténuation du virus ! Je n'ai bien sûr pas inventé la dessiccation : il s'agit d'un ancien procédé qui protège les qualités d'un produit naturel. Les Incas du Pérou s'en servaient pour conserver des aliments comme la pomme de terre, et ce pendant plusieurs années.

Pasteur explique le dispositif en désignant du doigt les différentes parties du flacon à double tubulure :

— L'air est filtré et stérilisé par une bourre de coton qui obstrue les deux tubulures des flacons. Il est ensuite desséché par des plaques de potasse caustique, qui sont déposées au fond du verre. L'atténuation progressive de la virulence est ainsi assurée dans un délai de quinze jours.

C'est comme cela, Viala, qu'on dispose du fort affaibli, par un procédé de mon invention !

— C'est remarquable, Monsieur, et tous ne pourront manquer de vous louer.

— Ah, Viala, c'est loin d'être le cas. Je suis attaqué de toute part par les militants des ligues protectrices des animaux. Les progrès récents de la physiologie expérimentale ont multiplié les opposants. La situation est devenue si alarmante que, l'année dernière, mon collègue Virchow a profité d'un congrès international de médecine pour dénoncer publiquement les dangers d'une telle dérive. Il a clamé que tous ceux qui attaquent la vivisection n'ont pas la moindre idée de la science qu'il y a derrière, et encore moins de l'importance et de l'utilité de la vivisection pour les progrès de la médecine.

— Hélas, nous ne pourrions avoir l'espoir de sauver des vies sans ces animaux, plaide Viala.

— J'aimerais que tous en soient convaincus, comme vous ! Mon ami Claude Bernard a été largement attaqué de son vivant et, depuis qu'il n'est plus, c'est moi qui suis devenu la principale cible. On continue de comparer mon laboratoire à une chambre de torture, ce qui est particulièrement injuste. Je suis pourtant le premier à refuser qu'on inflige des souffrances inutiles aux animaux, et je ne pratique sur eux que les gestes indispensables. Hélas, je reçois régulièrement des lettres de protestation, des injures, voire des menaces. Ces forcenés parlent de « venger » ce qu'ils considèrent comme un attentat sur les chiens, les lapins et les cobayes.

Pasteur est directement affecté par ces attaques, et même sur le plan financier. Deux ans plus tôt, quand le gouvernement projetait d'augmenter la pension annuelle de Pasteur, une ligue anti-vivisectioniste avait déclenché une véritable campagne de dénigrement en confondant vivisection et vaccination. Le président de cette ligue avait même écrit au ministre qu'il avait fallu près d'un siècle pour démontrer les erreurs de la vaccine, et qu'il n'en faudrait pas le quart « pour anéantir les doctrines fantastiques de Monsieur Pasteur, qui sont en contradiction avec les lois de la biologie générale ». Mais, si les manifestations anti-vivisectionistes et leurs arguments prétendument scientifiques contre le vaccin répandent de fausses alarmes dans l'opinion publique, ils font aussi de la publicité involontaire au vaccin. D'ailleurs, la violence de ces attaques déclenche même parfois des réactions inverses. Il existe de fougueux partisans de la vaccination, et certains même se portent volontaires pour en bénéficier.

— J'ai toujours opposé un refus formel jusque-là, dit Pasteur, mais comme je vous l'ai dit, je ne suis pas loin de penser que l'expérimentation humaine est la seule issue pour s'assurer de cette technique chez l'homme. À vrai dire, j'ai même écrit à l'empereur du Brésil pour lui proposer d'exercer son droit de grâce sur les condamnés à mort, en leur offrant à la veille de leur exécution de choisir entre une mort imminente et une expérience qui consisterait à recevoir des inoculations préventives de la rage, en échange de la vie sauve. On pourrait me critiquer pour cette proposition, mais il faut mesurer les enjeux. Que choisiriez-vous : expérimenter un traitement, dont on n'est pas absolument sûr, sur des condamnés à mort, pour sauver des vies, ou abandonner un malade, au risque qu'il meure dans des conditions atroces ?

La conversation est à ce moment-là interrompue par un brouhaha. Chamberland arrive en courant :

— Monsieur, trois personnes viennent de se présenter au laboratoire : deux adultes et un enfant. L'un des adultes a été mordu au bras l'avant-veille par son propre chien qui, selon ses dires, souffrait de la rage. Sa plaie est sans gravité, la manche de son vêtement ayant amorti la morsure ; il ne court aucun danger. Mais le chien a auparavant attaqué un enfant de neuf ans, qui n'a pas eu autant de chance. Il est venu avec sa mère.

— Je vais l'examiner, dit Pasteur, se dirigeant vers la petite salle où patientent les trois visiteurs.

L'adulte mordu, épicier de son état à Meissengott, un bourg d'Alsace, se tient là avec le petit Joseph Meister, le fils d'un boulanger d'un village voisin. Ils attendent avec inquiétude le verdict de Pasteur. Celui-ci fait déshabiller l'enfant, et note qu'il a été fortement mordu au droit médium de la main droite, aux cuisses et à une jambe par le chien, qui a par ailleurs déchiré son pantalon. Il relève jusqu'à quatorze plaies dont la gravité est alarmante. À l'évidence, si le chien est enragé, l'enfant est menacé.

— Qu'est devenu le chien ? demande Pasteur.

— Il aurait dévoré Joseph si un maçon armé de deux barres de fer ne l'avait tué, répond l'épicier.

Pasteur comprend rapidement que c'est l'occasion qu'il attend de tester son vaccin : sans traitement, l'enfant est visiblement condamné. La morsure est très récente, ce qui doit accroître les chances de succès du traitement. D'autre part, comme Joseph et sa mère sont venus directement au laboratoire, il serait possible de ne pas hospitaliser l'enfant et de le soigner en privé, afin d'améliorer les conditions de prescription. Doit-il tenter une inoculation vaccinale chez le jeune garçon ? Pasteur, qui a besoin d'un médecin pour effectuer l'injection, demande d'abord son avis à Roux. Le jeune médecin a un mouvement de recul.

— C'est insensé, vitupère Roux, nous savons trop peu de choses sur l'effet du vaccin. Les preuves d'efficacité sont insuffisantes. En tant que médecin, je suis contre. Je ne signerai aucun formulaire autorisant un tel acte inconsidéré.

— Vous vous opposez toujours à mes idées, Roux.

— Croyez bien que c'est la seule prudence qui anime mes critiques. Ce traitement est trop risqué.

— Je ne le crois pas, d'autant moins que l'enfant est condamné si nous ne faisons rien. Ma décision est prise : je passe outre votre avis.

Roux, blême, quitte la pièce sans dire un mot de plus. Imperturbable, Pasteur se tourne vers la mère de Joseph.

— Je vais vous aider. Mais, auparavant, je vais solliciter d'autres avis médicaux. Je dois me rendre dans quelques minutes à l'Académie de médecine ; je vais consulter un des plus impartiaux, des plus instruits de ma méthode et des plus écoutés de mes confrères, Alfred Vulpian. De plus, il est membre de la très officielle Commission de la rage que le gouvernement a créée sur ma demande. En même temps, dit-il à Chamberland, j'aimerais qu'on joigne Joseph Grancher. C'est un jeune pédiatre chef de service de l'hôpital Necker qui travaille avec nous, ajoute-t-il en s'adressant à Madame Meister. Son avis serait aussi le bienvenu. Car, n'étant pas médecin, non seulement je dois m'entourer d'avis de spécialistes, mais je ne peux moi-même assurer les injections de vaccin. La déontologie me l'interdit. Convoque-le à dix-neuf heures à mon retour de la séance à l'Académie, continue-t-il en s'adressant à Chamberland. Je verrai si Vulpian peut être des nôtres. Rendez-vous tous à cette heure-là ; que l'on tienne prêt le bouillon de moelle rabique pour l'inoculation.

Il se redresse, résolu.

— Quant à vous, Madame, et au jeune Joseph, nous allons voir s'il est possible de trouver une chambre au collège Rollin, avec lequel nous avons des relations. Une des dépendances se trouve rue Cujas, non loin d'ici ; vous pourriez vous y installer.

La mère de Joseph regarde Pasteur avec espoir tandis qu'il quitte la pièce.

16 heures

Pasteur prend son chapeau, appelle Viala et monte dans la De Dion-Bouton pour qu'on le dépose à l'Académie de médecine. Il doit justement intervenir ce jour-là pour dresser un panorama de ses derniers résultats en vaccination. Il a prévu de centrer le sujet sur ses succès contre la maladie du charbon et contre la rage, l'un concernant le vaccin préventif, l'autre le vaccin thérapeutique.

Créée par Louis XVIII en 1820, sous l'impulsion du baron Antoine Portal qui fédéra trois sociétés savantes médicales – la Société royale de médecine, l'Académie royale de chirurgie et la Société de la faculté de médecine –, l'Académie de médecine siège alors dans la chapelle désaffectée de l'hôpital de la Charité, rue des Saints-Pères. Une grande salle bordée de colonnes accueille les sessions de l'académie. À une extrémité se trouve le bureau présidentiel où siègent le président de l'année, le vice-président, le secrétaire perpétuel et le trésorier en habit de cérémonie ; devant ce bureau s'alignent plusieurs rangées de sièges et pupitres qui accueillent les différents membres, regroupés par spécialités médicales et chirurgicales. Quelques personnalités non médicales élues pour leur expertise scientifique, tel Pasteur, que l'assemblée a jugé bon d'associer, complètent l'ensemble.

Face à leurs éminents collègues qui brillent par leur expérience au chevet des malades, de nombreuses personnalités non médicales hésitent à s'exprimer. Il en va différemment de Pasteur qui, comme nous l'avons vu, n'hésite pas à rendre toutes sortes de leçons et à croiser le fer dès qu'il s'agit de sujets de sa partie. S'il a tant d'ennemis, c'est surtout à cause de divergences profondes entre sa vision et les pratiques historiques des médecins. Au cours des siècles, la médecine avait précédé la reconnaissance rigoureuse des mécanismes du corps et de ses cellules. Le médecin, en face du malade, interrogeait surtout les symptômes et recherchait des solutions empiriques. Certes Pasteur tente de changer les mentalités, mais comme il se heurte aux coutumes d'une caste médicale sûre d'elle et dominatrice, les apports conceptuels de la microbiologie vont mettre près d'un quart de siècle à pénétrer les pratiques médicales.

Il y a peu de temps encore, un académicien, Michel Peter, affirmait avec suffisance qu'un médecin n'a pas besoin de s'encombrer du savoir d'un chimiste ou d'un physiologiste, et professait son dédain pour les avancées de la microbiologie. En s'adressant à Pasteur à propos de la fièvre typhoïde, n'avait-il pas clamé : « Que m'importent vos microbes, ce ne sera qu'un microbe de plus » ? Cette remarque attira une réponse enflammée de Pasteur qui dénonça un « blasphème médical ». Il insistait sur la nécessité de redéfinir les rôles. Qui sont les vrais médecins : ceux qui découvrent, ou ceux qui traitent ? Le médecin doit guérir, certes, mais surtout prévenir la maladie. L'hygiène et la prévention ont à y trouver une place.

À cette époque des controverses sur la théorie des germes, plusieurs théories médicales cohabitent entre partisans de la contagion, qui sont cependant tous prêts à accueillir les découvertes de Pasteur sur le rôle et la reproduction des germes. À la première moitié du siècle, Pierre Bretonneau, médecin en chef de l'hôpital de Tours, et René Laennec, à Paris, étaient persuadés que la typhoïde et la diphtérie étaient des maladies contagieuses. Au cours d'une de ses premières leçons cliniques à l'Hôtel-Dieu, en 1867, Trousseau avait établi explicitement le lien entre la fermentation, le rôle des ferments et la nature des maladies infectieuses. Des accoucheurs tel Stéphane Tarnier avaient plaidé pour des mesures de protection draconiennes dans les maternités afin d'éviter les transmissions d'agents infectieux aux femmes enceintes. Ces médecins hygiénistes n'avaient pas attendu les premières expériences de Pasteur pour prôner la quarantaine et la désinfection.

Ainsi, avant même d'avoir effectué ses premières expériences médicales, Pasteur avait déjà des défenseurs parmi les hygiénistes, farouches adversaires de la génération spontanée. Lors de la fameuse conférence de 1864 qu'il avait organisée à la Sorbonne, les étudiants en médecine se tenaient au premier rang pour l'écouter. En 1867, des médecins étaient venus l'entendre parler, à Orléans, des anguillules du vinaigre. Mais ce sont les mêmes médecins qui refusent bien souvent d'adopter une attitude univoque qui repose exclusivement sur le microbe.

À l'Académie de médecine, Pasteur fut assis pendant cinq ans à la droite de Claude Bernard, tandis qu'Émile Littré, qui faisait également partie de la compagnie, se tenait à l'écart. L'un et l'autre assistèrent aux joutes oratoires que Pasteur ne manque pas de déchaîner. Les occasions ne manquent pas. Un de ses ennemis, Jules Guérin, soutenu par plusieurs collègues, ne cesse par exemple de déblatérer sur la variole, alors qu'il est incapable de mesurer la part des hypothèses pastoriennes. Ses propos, qui sèment la confusion, visent à dénigrer les résultats de Pasteur plutôt que d'en creuser la compréhension. Un jour, le débat s'est envenimé : Jules Guérin osa prétendre que la vaccine humaine est le produit de la variole des animaux inoculée à l'homme et humanisée par cette transmission. Pasteur, sans égard pour les presque quatre-vingts ans de son adversaire acharné, lui répondit brutalement :

— La vaccine, c'est la vaccine. Avoir la prétention d'exprimer les rapports de la variole humaine avec la vaccine, en ne parlant que de la vaccine et ses rapports avec la *cow pox*, c'est tomber dans la logomachie. C'est équivoquer afin d'esquiver le poids vif du débat.

Et, refusant de répondre à « la curiosité indiscrète intempestive et malsaine de Monsieur Guérin », il ajouta :

— Nous serons deux désormais en présence, et nous verrons lequel des deux sortira éclopé et meurtri dans cette lutte.

Guérin, furieux que son discours soit réduit à simple ergotage, et considérant son honneur bafoué, se précipita alors sur Pasteur. Il fut arrêté dans son élan par un collègue, qui s'interposa, et la séance fut levée dans un grand tumulte. Le lendemain, Guérin envoya ses témoins chez Pasteur et lui demanda réparation. Imperturbable et peu décidé à se battre en duel, Pasteur le renvoya à ceux qu'il appelle « leurs témoins naturels » : le secrétaire perpétuel de l'Académie de médecine et le secrétaire en exercice, tous deux éditeurs du bulletin officiel de l'Académie. Le *Journal de médecine et de chirurgie*, dirigé par Just Lucas-Championnière, s'empara de l'affaire :

> « Pour notre part, nous admirons la mansuétude de M. Pasteur, que l'on représente toujours comme violent et prêt à partir en guerre. Voilà un savant qui fait de temps à autre des communications courtes, substantielles, extrêmement intéressantes. Il n'est pas médecin et, guidé par son génie, il trace des voies nouvelles au milieu des études les plus ardues de la science médicale. »

Comme souvent en science, Pasteur a néanmoins bénéficié d'un petit coup de pouce du hasard dans ses recherches en vaccination. Son procédé d'atténuation des germes, il l'a trouvé l'été précédent, en 1879, dans des circonstances particulières. En l'absence de Pasteur, qui passait alors ses vacances à Arbois, les cultures microbiennes sur lesquelles il travaillait dans son laboratoire parisien avaient été interrompues pour être reprises à la rentrée. On avait alors constaté que les bactéries qui avaient été abandonnées pendant l'été ne conféraient plus la maladie, en l'occurrence le choléra des poules. On avait bien tenté d'augmenter leur virulence en enrichissant le milieu de culture, mais ce fut peine perdue : les vieilles préparations de l'été ne faisaient plus effet.

Alors que ses collaborateurs s'apprêtaient à sacrifier les poules qui avaient résisté à la maladie, considérant qu'elles étaient inaptes à de nouvelles expériences, Pasteur proposa alors de leur inoculer une nouvelle dose de culture, cette fois-ci avec des microbes jeunes et actifs, dont la virulence était assurée. Le constat fut déconcertant. Les animaux déjà exposés à la bactérie résistaient à la nouvelle injection, tandis que les animaux sains qui recevaient seulement le germe virulent développaient la maladie et en mouraient. Pasteur comprit tout de suite le parti qu'il pouvait en tirer, car ce qu'il venait d'observer dans son laboratoire était un phénomène proche de celui décrit par Jenner, induisant une immunité protectrice. Mais c'était surtout un procédé de fabrication de vaccin qu'il découvrait. L'inoculation d'un virus atténué pouvait protéger contre un virus virulent !

Cependant, en refusant de livrer les détails de son invention dans sa communication en février 1880 à l'Académie de médecine, Pasteur s'était attiré les foudres de ses adversaires, et en premier lieu de Guérin. Habitué à contrer Pasteur, et s'étant fait nombre de partisans, tous opposés aux doctrines sur l'effet néfaste des microbes, Guérin obtint, dans le compte rendu officiel de l'Académie du 27 juillet, que celle-ci blâme sa conduite. Pasteur en fut bien sûr ulcéré et rédigea à cette occasion plusieurs brouillons de lettre de démission. Finalement, il se déclara prêt à revenir sur sa décision à condition que l'Académie, par un vote public, revienne sur la sienne.

Logomachie, le mot qui blessait, fut ainsi l'objet d'un échange de lettres, après que Pasteur se fut habilement assuré le soutien du bureau directorial de l'Académie. Afin de calmer les esprits, il consentit à exprimer quelques regrets, à condition que ces mots très durs à l'encontre de Guérin soient fidèlement reproduits dans le compte rendu de la séance incriminée : « Si, dans la vivacité de la discussion, j'ai prononcé quelque parole ou appréciation de nature à porter atteinte à la considération de Monsieur Jules Guérin, je les retire et je déclare que je n'ai jamais eu l'intention de blesser notre savant collègue. Dans nos discussions je n'ai aucune préoccupation que celle de défendre avec énergie l'exactitude de mes travaux. »

Poliment mais fermement, Pasteur continuait donc d'affirmer que Guérin était un imbécile... L'affaire s'arrêta là, du moins provisoirement. Ce n'est que le 10 août 1883 que Pasteur se sentit prêt à révéler le détail de son procédé expérimental, décrivant alors tout un programme qui explique à la fois le rôle du virus atténué, et surtout les moyens de l'obtenir. L'atténuation des germes avant inoculation fournit une technique vaccinale d'une grande efficacité, qui donne les résultats attendus : la prévention d'une infection. L'arsenal de la médecine s'est ainsi étoffé : aux techniques antiseptiques chimiques, Pasteur joint désormais un authentique produit biologique.

C'est accompagné d'un tel passé, émaillé de débats houleux voire agressifs, et entrecoupés de médiations, que Pasteur se rend à l'Académie ce 6 juillet 1885. Son premier geste, avant même de gagner le pupitre, est de chercher Vulpian dans l'assistance pour partager avec lui les éléments de l'après-midi et lui présenter le cas du jeune Meister. Médecin des hôpitaux, professeur d'anatomie pathologique et de pathologie expérimentale, Vulpian est alors un neurologue réputé. On ne manquera pas d'admirer sa statue, érigée en 1928 dans la rue de l'École-de-médecine, à laquelle viendront rendre hommage des confréries d'étudiants.

Pasteur et Vulpian n'ont pas seulement fait cause commune à l'Académie ; ils ont déjà beaucoup échangé à propos de la rage et de son atteinte au système nerveux. Vulpian a une grande estime pour Pasteur. Avec sa chevelure bouclée et sa barbe fournie, il ferait une belle addition aux bustes qui ornent la salle des pas perdus de l'Académie. Il en impose, et c'est d'une pointure que Pasteur a aujourd'hui besoin pour le soutenir. Heureusement, Pasteur n'a pas grand-peine à le mettre de son côté : Vulpian est déjà convaincu qu'il faut expérimenter chez l'homme. Il est prêt à parrainer les injections de moelle rabique chez le jeune mordu.

Ils se donnent donc rendez-vous au chevet de l'enfant. D'ici là, les deux hommes décident de ne rien dire. Les académiciens auraient tôt fait d'interdire le geste – les uns par raison, ne croyant pas à l'efficacité possible sur un cas avéré, les autres pour contrer Pasteur, pensant, à l'instar de Roux, qu'il n'est pas éthique – le mot n'existe pas encore – de tenter une telle expérience. Après l'échange entre Vulpian et Pasteur, ce dernier gagne sa place pour attendre son tour de parole. Une cloche sonne, annonçant le début de la séance.

— J'appelle notre confrère Louis Pasteur, énonce le président après avoir tapé de son maillet pour obtenir le silence. L'ordre du jour commence par une lecture sur les résultats positifs de deux vaccins, obtenus à partir de germes atténués. Ces résultats permettent de penser que cette méthode peut être adaptée à d'autres circonstances pathologiques, et sans doute ainsi généralisables. Les deux exemples concerneront des vaccinations animales de...

Le président saisit son lorgnon pour lire l'intitulé de la communication :

— La maladie du charbon et de la rage. Je comprends qu'à travers le choix de ces modèles, vous voulez montrer qu'on peut vacciner pour prévenir l'infection – c'est le cas du charbon – ou pour prévenir la maladie d'un animal déjà infecté – c'est le cas de la rage. Pasteur, vous avez la parole.

Pendant la demi-heure qui suit, Pasteur se lance dans un exposé détaillé. Au sujet de la maladie du charbon, Pasteur décrit d'une voix forte et ferme ce qui s'est passé à Pouilly-le-Fort en 1881. Avant cet épisode, il avait fait quelques expériences, couronnées de succès, sur la vaccination contre le charbon. Il s'agissait toujours d'une atténuation du bacille. Mais cela n'avait pas convaincu et, tandis que ses résultats plaisaient à certains et étonnaient d'autres, la plupart de ceux qu'ils intéressaient restaient critiques ou sceptiques à l'égard de telles pratiques vétérinaires. En particulier, un certain Rossignol, vétérinaire à Melun, membre de la société d'agriculture locale et rédacteur de la *Revue vétérinaire*, réclamait des tests décisifs. Il était persuadé que les théories devaient être mises en pratique dans une cour de ferme, et non dans les ballons d'un laboratoire.

Rossignol avait alors décidé d'organiser une démonstration publique. Il s'assurait ainsi une bonne publicité – car, que l'expérience échoue et prenne Pasteur en défaut, ou qu'elle réussisse, le vétérinaire aurait sa part de succès. Son initiative fut bien accueillie par les éleveurs de bétail, qui se déclarèrent prêts à financer l'opération, nombre d'entre eux ayant sans doute l'arrière-pensée d'aller au-devant d'un fiasco réjouissant. Pasteur proposa de vacciner vingt-cinq moutons par injection initiale, puis d'effectuer un rappel douze jours plus tard, selon une séquence mise au point au laboratoire. Vingt-cinq autres moutons ne subiraient aucun traitement. On inoculerait ensuite les germes du charbon aux cinquante animaux. « Les moutons non vaccinés mourront », avait prédit Pasteur, « seules les vingt-cinq bêtes du premier groupe résisteront. » L'essai devait se dérouler près de Melun, dans la petite ville de Pouilly-le-Fort.

À peine le plan communiqué, Pasteur appela Chamberland et Roux, alors en congés. Il leur parla d'une grosse et grave affaire. Il n'avait pas vraiment tort, car, même s'il avait publié sur le procédé d'atténuation des germes et en avait vanté les vertus universelles, il avait agi avec une certaine précipitation. Les résultats étaient loin d'être aussi probants qu'il l'avait laissé entendre, et certains savants éminents comme Robert Koch estimaient que Pasteur s'était trop avancé. Bien heureusement, Roux et Chamberland sauvèrent la situation, car leurs travaux personnels avaient repris le procédé, en favorisant une atténuation des bactéries non par l'oxygène comme cela avait été proposé, mais avec le phénol. Suivie avec rigueur et dans de bonnes conditions, cette méthode était beaucoup plus efficace que celle que Pasteur avait lui-même décrite.

Le jour dit, une foule nombreuse avait conflué vers Pouilly-le-Fort, où les animaux destinés à l'expérience étaient parqués dans un enclos. Elle était aussi bien venue voir les animaux et assister à leur vaccination que Pasteur. Il y avait des agriculteurs en sabots et pantalons rayés, des conseillers généraux, rosette à la boutonnière, des médecins en haut-de-forme et lavallière, des pharmaciens et vétérinaires en gilets... et des journalistes. La presse avait fait un grand battage autour de l'affaire qui était devenue un enjeu régional, voire national. Poussée par Colin, la Société des agriculteurs de France exigea qu'on inocule une dose plus virulente que prévu. Pasteur s'était incliné et avait accepté d'injecter une triple dose de charbon. Il avait également cédé quand on lui avait demandé, pour éviter tout biais, d'alterner l'inoculation des animaux vaccinés et des animaux sains pour respecter les chances de survie et de mort de chacun. Rendez-vous fut pris le surlendemain pour constater les résultats.

À aucun moment Pasteur ne s'était départi de son calme. Il semblait si sûr de lui qu'il impressionnait même ses collaborateurs. Pourtant ceux-ci s'en étonnaient, car, quand Pasteur savait qu'il avait raison, il ne restait pas calme mais se montrait combatif, et parfois même agressif. S'il ne laissait paraître aucune émotion dans la cour de Pouilly-le-Fort, c'était sans doute sa manière de combattre son incertitude. Car, pendant un temps, les résultats furent douteux. Le lendemain de l'inoculation, certains animaux vaccinés parurent mal en point. Pasteur se troubla, accusant Roux d'avoir causé l'échec de l'expérience, de chercher à ruiner tous ses travaux et de mettre en péril l'avenir du laboratoire. Il fallut l'intervention de Marie pour calmer le savant hors de lui. Aucun des protagonistes ne ferma l'œil de la nuit... Mais le jour dit, au petit matin, les moutons non vaccinés se révélèrent morts ou mourants, tandis que les vaccinés se tenaient tous debout. Bien sûr, il n'était plus question d'attribuer à Roux le succès de l'expérience ; Pasteur avait retrouvé son habituelle assurance, mâtinée d'arrogance. Gagnant Pouilly-le-Fort en hâte, il s'adressa à la foule, triomphant et biblique, en s'écriant : « Eh bien ! Hommes de peu de foi ! »

Dans son discours à l'académie, ce 6 janvier 1885, Pasteur ne s'attarde pas non plus sur tous les détails ; en même temps qu'il revendique le succès, il omet encore le rôle qu'ont joué ses collaborateurs, principalement Roux. Ce qui lui importe est de montrer qu'il tient une méthode, le germe atténué, qui a déjà formidablement réussi pour mettre au point un vaccin à usage vétérinaire. Mais aussi, comme il l'indique dans la suite de sa communication, il tient un vaccin contre la rage. Devant les succès de l'expérimentation animale, il entend bien aller plus loin et, dit-il, sans rien dévoiler des circonstances du jour, envisager de tenter son effet chez l'homme. En même temps, il en rappelle les modalités : une moelle rabique virulente, atténuée par la dessiccation, administrée à intervalles réguliers et selon un ordre qui dépend du degré d'affaiblissement de la virulence. Les résultats sont clairs, énonce-t-il : les animaux enragés, toutes espèces confondues, si la vaccination est faite précocement, ne présentent plus aucun symptôme.

— Quelle interprétation donner à la nouvelle méthode que je viens de faire connaître pour prévenir la rage ? dit alors Pasteur, en concluant ce qui peut apparaître comme un long plaidoyer pour la mise au point de nouveaux vaccins. Je n'ai pas l'intention de traiter cette question de manière complète. La première pensée qui s'offre à l'esprit, pour rendre compte des résultats observés, c'est que le séjour prolongé des moelles rabiques à l'air sec diminue leur virulence, jusqu'à la rendre nulle.

L'exposé déclenche de nombreux applaudissements.

— La communication que nous venons d'entendre permet à l'Académie, et si je puis dire à l'humanité, de concevoir de nouvelles espérances, loue le président.

— La communication ne peut-elle donner lieu à quelques observations immédiates ? demande cependant Guérin sur un ton vindicatif.

— L'ordre du jour ne le comporte pas, répond le président. Je ferai observer qu'il est aujourd'hui très chargé, et que la séance doit se terminer de bonne heure pour être suivie d'un comité secret. Si Monsieur Guérin a des réserves à présenter au sujet de la communication de Monsieur Pasteur, il pourra les faire ultérieurement.

— Il n'y a aucune raison pour empêcher les membres de l'Académie de présenter sommairement les réserves qu'ils croient utiles à l'égard des faits, insiste Guérin. Je ne désire occuper l'attention de l'Académie que pendant cinq minutes.

Le Président, un peu las, lui concède la parole.

— Ma réserve est sur la nature de la maladie présentée comme étant la rage, enchaîne Guérin. Cette maladie n'est pas la rage : c'est une maladie artificielle. Comment la produit-on, en effet ? En introduisant dans le cerveau, à travers une couronne de trépan, des fragments de moelle empruntés à des animaux morts de la même maladie artificielle. C'est une rage expérimentale qui doit être considérée comme une maladie nouvelle, en raison de ses différences avec la vraie rage.

Guérin toussote et enchaîne :

— De plus, la méthode préventive que Pasteur a trouvée ne saurait avoir d'autre valeur que de s'opposer à la maladie qu'elle a produite. Il ne s'agit pas de la guérison de la rage, comme on se plaît à le répéter, mais d'une méthode propre à empêcher son développement. On connaît l'énorme différence entre prévenir et guérir. Il y a aujourd'hui une foule de moyens pour prévenir la rage, mais on n'en connaît aucun qui puisse la guérir.

Un coup de sonnette annonçant la fin de la séance vient interrompre la poursuite de l'argumentation. Pasteur, le visage crispé, contient mal sa colère. Plutôt que de s'adresser au critique, Pasteur se lève et rejoint Vulpian.

— Nous verrons que cette méthode peut bien prévenir la maladie et ainsi guérir les effets de l'infection, lui dit-il à voix haute pour que chacun s'en imprègne. Il s'agit d'un vaccin thérapeutique, et nous allons le prouver.

Pasteur n'entendra pas Peter, son virulent collègue professeur de médecine :

— Monsieur Pasteur a donné le charbon à des animaux qu'il voulait préserver et il peut donner la rage à des individus qui pouvaient ne pas l'avoir ; il est nécessaire de jeter le cri d'alarme.

Il ne lira pas non plus les écrits du docteur Lutaud, rédacteur en chef du *Journal de médecine de Paris* :

> « Négligeant la clinique, foulant aux pieds les données les plus élémentaires de la médecine traditionnelle, M. Pasteur, nouvel hercule, s'était contenté de la simple affirmation. Nouveau prophète, il avait posé les fondements d'une nouvelle église dont le dogme principal était : *Credo quia absurdum*[1]. Tel s'est présenté le célèbre chimiste lorsqu'il a prétendu avoir trouvé un traitement infaillible de la rage, avant même que le temps nécessaire à l'incubation de la maladie ait permis de contrôler cette téméraire affirmation. Non seulement M. Pasteur affirmait sans preuves, mais il employait pour la divulgation de cette prétendue découverte des procédés que la science, et particulièrement la science médicale, a toujours considérés comme indignes d'elle. »

1. « J'y crois parce que c'est absurde. »

Pasteur n'écoutera, ni n'entendra plus aucune critique ce jour-là : il regagne déjà son laboratoire de la rue d'Ulm.

19 heures

Peu de temps après, Pasteur et Vulpian retrouvent Grancher, et se penchent sur le chevet du jeune Meister. Les deux médecins ne peuvent que constater l'étendue des blessures. S'enquérant de l'autopsie du chien, ils apprennent de la mère de Joseph que l'estomac de l'animal était rempli de paille, de foin et de fragments de bois ; une alimentation suffisamment éloignée de celle d'un carnivore pour confirmer qu'il s'agit bien de la rage. Les deux hommes sont vite convaincus que la méthode que propose Pasteur est la seule à pouvoir être suivie d'effets. Bien entendu, on reconnaît que le temps qui sépare la morsure du vaccin est un facteur non maîtrisé, mais l'intervalle semble suffisamment réduit pour penser que la vaccination sera efficace. La décision est prise : ils sont tous les deux prêts à couvrir l'indication médicale.

Les seringues chargées du bouillon de moelle rabique sont prêtes : Loir a prélevé une des dernières préparations de moelle en dessiccation et l'a dissoute dans quelques centimètres cubes de bouillon de culture stérile. Le jeune garçon entrouvre les deux pans de sa chemise pour dégager son ventre. Sous le regard vigilant de Pasteur, Grancher procède à la première injection. Comme il est noté dans le procès-verbal :

> « Le 6 juillet à 8 heures du soir, soixante heures après la morsure du 4 juillet, on inocula, sous un pli fait à la peau de l'hypocondrie droite, une demi-seringue de Pravaz d'une moelle d'un lapin mort rabique le 21 juin et conservée depuis lors en flacon à air sec, c'est-à-dire depuis quinze jours. »

La postérité élèvera cette scène en véritable image d'Épinal, la déclinant en de multiples gravures et peintures dans les livres et les manuels scolaires.

Une fois l'injection effectuée et le matériel rangé, Pasteur se tourne vers la mère.

— Rassurez-vous, chère Madame Meister. Nous garderons l'enfant sous surveillance, et il sera suivi pendant toute la durée du traitement. Après tout, le collège Rollin n'est pas si austère, fait remarquer Pasteur, et puis Joseph prendra l'habitude de venir nous voir au laboratoire.

Et pour dérider l'enfant, Pasteur dépeint le laboratoire comme une ferme, avec ses poules et ses lapins. Voyant la mère toujours inquiète, il complète ses explications :

— Je pense qu'il lui faudra rester au moins jusqu'au 1er août. Tout devrait se passer pour le mieux, et le jeune garçon retournera alors à Meissengott, tout en continuant l'observation. Je vous invite donc à rester à Paris quelques jours.

La suite fera partie de l'histoire. L'inquiétude de Pasteur va d'abord grandir. À propos de la dernière injection, celle d'une moelle rabique vieille d'un jour, qui doit être effectuée le 16 juillet, Marie écrira à ses enfants :

> « Mes chers enfants, encore une mauvaise nuit pour votre père. Il ne s'accoutume pas du tout à l'idée d'opérer en dernier ressort sur cet enfant. Et cependant, il faut bien maintenant s'exécuter. Le petit continue à se porter très bien. »

Le traitement durera dix jours, et Meister recevra treize inoculations. Pasteur reprendra vite confiance, à ce point qu'avant même la confirmation du succès, le 18 ou 19 juillet, il quittera Paris pour prendre ses vacances d'été, confiant Joseph au docteur Grancher. Il partira persuadé qu'il a vaincu la rage chez l'enfant. La suite lui donnera raison, et ce succès aura des répercussions à l'échelle mondiale.

La rage est alors loin d'être un fléau comme le choléra, la peste et la typhoïde. Mais Pasteur a choisi cette maladie pour frapper l'esprit public et démontrer par un éclatant triomphe les bienfaits de ses travaux. Il confiera notamment :

> « Rappelez-vous que [...] je n'ai entrepris quelques recherches sur la rage que dans la pensée de forcer l'attention des médecins sur ces nouvelles doctrines, au cas où quelque donnée médicale pourrait surgir de ces recherches. »

L'attention de généreux donateurs sera effectivement éveillée, dont celle de Madame Veuve Boucicaut, qui, grâce à une souscription nationale, donnera à Pasteur les moyens de fonder à Paris un « établissement modèle sans avoir recours à l'État, indépendant de l'École normale, pour être un centre unique de vaccination antirabique qui pourrait suffire non seulement à la France, mais pour l'Europe, la Russie, et même l'Amérique du Nord » : l'Institut Pasteur. La première pierre sera posée en janvier 1887, et l'institut sera inauguré par Pasteur au bras de son fils Jean-Baptiste le

14 novembre 1888. De 1886 à 1889, comme le signalera Léon Perdrix, agrégé préparateur au laboratoire de la rue d'Ulm, près de 8 000 personnes seront vaccinées contre la rage, avec une mortalité presque nulle. Pasteur se forgera ainsi une réputation mondiale, enchaînant la multiplication de cas traités avec succès et essuyant quelques échecs, subissant d'un côté les critiques nourries d'une presse hostile et l'encensement d'une autre.

L'Institut Pasteur jouera un rôle majeur en sciences biologiques et médicales. Les découvertes des disciples de Pasteur puis des membres de l'institut sur les moustiques, les puces, les poux et autres insectes, qui leur vaudront un certain nombre de prix Nobel de physiologie et médecine, aboutiront à de nouvelles méthodes de prévention. Citons Alphonse Laveran, qui découvrira l'agent du paludisme et qui sera récompensé en 1907 ; puis Metchnikoff, dont les travaux sur l'immunité seront couronnés en 1908 ; et ensuite Charles Nicolle, en 1928, pour ses travaux sur le typhus et sa découverte du rôle du pou. Ce seront ensuite les pastoriens François Jacob, Jacques Monod et André Lwoff, en 1965, pour leurs travaux sur la génétique ; et en 2008, Françoise Barré-Sinoussi et Luc Montagnier pour leur découverte de l'origine du sida. Grâce à leurs recherches, les pratiques d'hygiène et de la médecine ne seront plus les mêmes, et de nouveaux concepts épidémiques vont naître pour les temps futurs. Le vaccin contre la rage portera ses fruits !

Mais, ce 6 juillet 1885, on n'en est pas encore là. Quand Pasteur regagne ses appartements, après avoir pris congé de Vulpian, de Grancher et de Chamberland, jeté un dernier regard à Joseph et salué sa mère, il est près de vingt et une heures. Le travail n'est pas terminé. Pasteur sait qu'avant de se coucher, il lui restera à dicter à Marie, qui l'attend, le détail minutieux de son protocole expérimental. Ce fut une longue journée...

Pasteur mourra dix ans plus tard, le 28 septembre 1895. Ses forces déclineront les derniers mois ; une nouvelle attaque d'hémiplégie le clouera dans sa chambre, où ses proches lui liront les récits des dernières batailles de Napoléon et la vie de saint Vincent de Paul. Il sera inhumé dans une crypte aménagée au sous-sol de l'Institut Pasteur. La révolution qu'il a engendrée continuera de bouleverser le monde, tandis que la légende s'emparera de son existence. La pipette de Pasteur, son microscope, son bouillon de culture et son génie modifieront à tout jamais la vision des biologistes et épidémiologistes, mais aussi des médecins, qui seront peut-être les derniers à adhérer à ses idées...

23 heures

Au bar du Logis des cépages, à Arbois, les quatre mousquetaires se retrouvent après un long après-midi de travail pour la sélection et la remise du Prix Pasteur, ponctué de conférences et suivi d'un dîner de gala.

— C'était un événement réussi, dit le masque bleu. Le maire et le président de région ont trouvé le mot juste lors des discours introductifs. Si le monde et nos académies n'ont pas oublié Pasteur, il faut reconnaître que le Jura sait également lui rendre hommage. Je vous propose de porter un toast à Louis Pasteur avec ce crémant d'Arbois.

Les quatre masques s'abaissent, et les convives se taisent le temps de la dégustation. En ces temps de Covid, la fenêtre du bar est ouverte, et les effluves du soir entrent dans la pièce ; les notes d'aubépine du crémant se mêlent au parfum de juillet un peu acide de l'herbe et des feuillus. Un cri de chat-huant vient troubler la nuit. Leur verre fini, les quatre mousquetaires réajustent leur masque. Le masque rouge rompt à son tour le silence :

— Ce qu'il y a d'extraordinaire chez Pasteur, et qui me fascine, c'est la progression dans ses sujets de recherche. Un véritable fil rouge lie les découvertes les unes aux autres, l'exploitation de l'une par l'autre. La découverte de l'asymétrie moléculaire conduit d'abord Pasteur à reconnaître la caractéristique chimique du vivant. L'expression de celle-ci lors de la fermentation lui montre ensuite qu'il s'agit d'un processus biologique, lié à des micro-organismes vivants, et de ce fait le pousse à contrer la génération spontanée. Tout naturellement, la démonstration du rôle pathologique des germes vient ensuite. Aux précautions naturelles de l'hygiène, Pasteur en arrive à la première des préventions : le vaccin. Il met au point des vaccins préventifs, puis invente le vaccin thérapeutique.

— La continuité dans le raisonnement et la logique est en effet assez incroyable, commente le masque bleu. Et cela repose de plus sur une expérimentation implacable.

— J'espère avoir bien rendu cet aspect, poursuit le masque rouge. Mon ouvrage m'a obligé à condenser, en une journée, le travail d'une vie.

Je me suis entièrement fondé sur des faits et des écrits historiques, même si j'ai fait jouer quelque rôle supplémentaire à des personnages de second plan, ou mis dans la bouche des protagonistes des phrases qui provenaient plutôt de leurs écrits. J'ai aussi triché un peu avec la chronologie, par exemple avec le furoncle de Chamberland, que Pasteur a examiné avant l'ostéomyélite et non le contraire. J'ai connu un homme qui se prenait en photo tous les matins de sa vie et qui, un jour, les a accolés les unes aux autres pour faire un film de trois minutes... c'est un peu la même chose ici.

— Dans ton livre, du moins de ce que j'en ai lu, il y a d'autres facettes du personnage que tu as laissées de côté, reprend le masque bleu. Par exemple, celui qui s'est intéressé aux pays du Sud, celui qui sait choisir ses collaborateurs.

— Oui, bien sûr. J'aurais voulu parler des efforts d'Alexandre Yersin pour développer des antennes de l'Institut Pasteur à Nha Trang et Saigon, d'où il gagnera Hong Kong pour découvrir le bacille de la peste, en 1894 ; ou encore d'Albert Calmette, missionné par Pasteur à Saigon en 1890, et son intérêt pour les venins de serpents, pour n'en citer que deux. Et de même pour Loir, qui a fondé le premier centre antirabique à l'étranger ; je n'ai rien dit de sa mission en Australie, en 1888 et 1893, pour tenter de lutter contre la pullulation de lapins en leur inoculant le choléra des poules...

— Ce sont les limites de l'exercice, le console le masque bleu.

— Tu as raison, dit le masque sourire, et puis il y a cet aspect incroyable de communicant que tu rends en le faisant parler continuellement, alors que Pasteur était plutôt de caractère taciturne, non ?

— C'est vrai. J'en ai fait un personnage qui passerait aisément sur un plateau de télévision ! Je le verrais très bien, aujourd'hui, nous raconter comment il fut pionnier des vaccins et nous commenter leurs progrès, depuis les vaccinations à l'aide de virus atténués jusqu'à celles contenant de l'ARN messager. Ce n'est pas par hasard que le titre de « Professeur Pasteur », que seuls certains de ses élèves ayant suivi ses cours à Lille ou à Paris lui ont sans doute donné, chapeaute mon ouvrage. J'ai voulu en faire un donneur de leçons, à l'aise dans son rôle d'éducateur auprès du grand public. Car la science a besoin d'être médiatisée, et surtout comprise.

— Moi, au fond, ce qui me gêne, c'est que tu passes sous silence certains aspects de l'homme, dit le masque blanc.

— Comme ?

— Eh bien, son côté plutôt conservateur et sa vision patriarcale de la famille. Bien sûr, c'est un travers de l'époque, mais tout de même ! Ainsi, lors d'une dispute entre Pasteur et un des élèves de Claude Bernard, Marcelin Berthelot, le savant l'attaqua sur le plan moral. Pasteur, furieux contre lui, s'était écrié : « Cet homme, cet homme il est capable de tout... il doit tromper sa femme ! » Comme si cela était le plus odieux des crimes.

— Tiens, je ne connaissais pas cet épisode, commente le masque bleu en souriant.

— Passons sur le caractère entier et dominateur de Pasteur. Ce qui est sans doute le plus critiquable est l'attribution qu'il se faisait de découvertes réalisées par d'autres, ajoute le masque blanc. Ce fut le cas pour Jean-Joseph Toussaint, qui découvrit le premier le rôle vaccinal de l'atténuation de la virulence.

— Pasteur a volé cette découverte ? s'étonne le masque bleu.

— Il faut faire la part des choses, dit le masque rouge. Au mois d'août 1880, Toussaint, un vétérinaire médecin, annonça qu'il vaccinait contre le charbon. Pasteur, furieux d'être devancé, chercha à reproduire ses expériences et démontra que celles-ci n'étaient pas fiables. En réalité, il reprit une partie de la méthode à son compte en l'améliorant ! À ce titre, on peut aussi critiquer ce qu'il doit au naturaliste Auzias Turenne qui, bien avant que Pasteur ne s'intéresse à la contagion, imaginait déjà le rôle des virus, reconnaissait leurs capacités d'atténuation et, partant, leur aptitude à conférer l'immunité. Même chose avec les observations de Casimir Davaine, qui avait découvert le bacille du charbon et émit l'hypothèse que ce dernier était responsable du caractère contagieux de l'anthrax. Pasteur reprit les démonstrations et y apporta la touche décisive. Rien dans ses carnets de laboratoire, entre juillet et novembre 1879, ne prouve que Pasteur ait réellement conçu la vaccination par le choléra des poules atténué. Duclaux alimenta la légende à travers la description qu'il en fit du virus oublié dans une étude... Quant aux emprunts à ses collaborateurs, je passe cela sous silence, tant ce geste, au demeurant regrettable, est encore fréquent en science.

— Pasteur est un grand homme, mais un homme malgré tout, qu'il ne faut pas placer sur un piédestal, résume le masque blanc.

— En tout cas, l'histoire de Pasteur est importante à connaître, commente le masque sourire. Celle des épidémies aussi. L'une et l'autre permettent de mieux comprendre ce qui nous arrive avec le Covid-19, et ce qui continuera à nous menacer.

— Si l'histoire se répète d'une épidémie à l'autre, elle n'est jamais pareille, nuance le masque bleu. Il faut apprendre à apprendre. Pasteur peut sans doute y aider, mais c'est à nous d'imaginer nos défenses. Le concept de distanciation sociale a un passé de plusieurs siècles ; n'est-il pas temps d'étoffer nos solutions ?

— L'immunologie a encore de grands chantiers devant elle, concède le masque rouge. Peut-être faut-il mieux réfléchir au fondement de ces réponses antivirales, des anticorps aux cellules, et à un moyen de les améliorer. Pensons à la science de l'immunité et aux immunothérapies du futur.

— Songeons aussi aux nouvelles chimiothérapies antivirales, complète le masque bleu, tout autant qu'aux futures épidémies que nous risquons de provoquer par des traitements inappropriés, comme liées à ces bactéries résistantes aux antibiotiques mal administrés.

— Et pensons aussi à une nouvelle révolution biologique, pour guider nos moyens de prévention et de traitement ! conclut le masque rouge. Mais il ne faut pas que la science aille plus vite que l'homme. N'oublions pas l'éthique était peu considérée du temps de Pasteur, et par Pasteur lui-même.

— À bon entendeur…

Le masque blanc réprime un bâillement. Fatigués de leur journée, les mousquetaires quittent le bar et commencent à regagner leur chambre.

— Au fond, quelle est pour toi la découverte la plus importante de Pasteur ? demande le masque sourire tandis qu'ils attendent l'ascenseur.

— Certainement ce qui revient à la vie, répond le masque rouge. Que la vie ait une allure, une caractéristique de forme qui la différencie du minéral, est quelque chose d'étonnant. Cette découverte qui, peut-être, explique les origines et le caractère fonctionnel de toutes nos molécules du vivant, est un fait admirable ! D'ailleurs, on sait aujourd'hui que cette chiralité, cette asymétrie, s'observe également au niveau des atomes. Des atomes aux molécules, le monde vivant est asymétrique. Pasteur n'était-il pas sûr que nous serions un jour capables de créer la vie ? Et selon lui, après la mort, « la vie réapparaît sous une autre forme et avec des propriétés nouvelles », avait-il écrit en pensant aux molécules asymétriques. Allez intégrer cela, messieurs dames, à vos réflexions métaphysiques, religieuses et philosophiques. On ne voudrait pas s'arrêter d'y penser ! Songez que ce soir, la douce clarté de l'astre lunaire, au-dessus d'Arbois, révèle nos facettes asymétriques et nos aspérités ; tous ces accidents de géométrie qui nous font bouger et nous permettent de nous complémenter, atomes, molécules et êtres humains.

— Pasteur te rendrait-il poète ? commente le masque bleu. Tenez-vous bien, troubadours et rimailleurs : un nouveau Cyrano est né par le pouvoir d'un verre de crémant !

Les quatre mousquetaires rient de bon cœur.

— Il est minuit, la journée est achevée : laissons Pasteur dormir, propose le masque sourire.

— Au contraire, réveillons-le !

Bibliographie

Nous invitons le lecteur à consulter la bibliographie proposée dans :

Patrice Debré, *Louis Pasteur*, coll. « Champs » Flammarion, 2010 (1re édition 1994).

Remerciements

Je souhaiterais remercier tout particulièrement Christian Counillon (Flammarion) pour ses vifs encouragements, ainsi que Nathalie Brousse pour sa relecture attentive du manuscrit. Je remercie également mes amis de l'Académie des sciences et de l'Académie française (qui se reconnaîtront peut-être derrière les masques !) de partager avec moi l'attrait pour l'épopée pastorienne.

Table

Cet ouvrage a été mis en pages par

<pixellence>

CET OUVRAGE
A ÉTÉ ACHEVÉ D'IMPRIMER
SUR ROTO-PAGE
PAR L'IMPRIMERIE FLOCH
À MAYENNE EN AOÛT 2022

N° d'édition : 544261-0. N° d'impression : 100995
Dépôt légal : septembre 2022
Imprimé en France